KB068325

몰입 육아

4~7세 아이의 인성과 학습을 좌우하는 결정적 차이

몰입 육아

신지윤 지음

RHK
알에이치코리아

내 아이를 위한
진짜 선물, 몰입

수요일이면 맞은편 아파트에 작은 장이 열린다. 그중에서도 분식 노점이 특히 아이들에게 인기다. 유치원 하원 버스에서 자다 깬 서연이는 비몽사몽 중에도 꼭 감자튀김과 슬러시를 먹겠다는 강한 의지로 내 손을 잡아 이끈다. 장에 도착하니 알록달록한 풍선이 눈에 띄었다. 익숙한 학습지 브랜드가 크게 새겨진 파라솔 아래 영업 사원들이 플라스틱 테이블을 펼쳐놓고 홍보 중이다. 이내 영업 사원이 우리 아이에게도 풍선을 내밀며 다정하게 말을 걸어온다.

"어머님, 우리 아이는 몇 살이에요?"

저 풍선을 받아도 될지 고민이 끝나기도 전에 이미 풍선은 아이의 손에 쥐어지고, 호기심 어린 내 눈빛은 테이블 위로 향하고야 만다. 영업 사원은 때를 놓치지 않고 아주 다정한 목소리로 나에게 경고의 말을 건넨다.

"다섯 살이면 이미 다른 애들은 이거 다 해요. 빠른 애들은 이거 세 살부터도 해요. 어머님, 이미 늦었어요. 지금이라도 얼른 시작하세요."

순식간에 나는 다섯 살이 되도록 아이 교육에 신경 쓰지 않는 엄마가 되었다. 마음 깊은 곳에서 죄책감이 스멀스멀 고개를 들며, 지금이라도 얼른 우리 아이를 위해 지갑을 열라고 명령을 내린다.

"어머님, 초등학교 보내기 전에 이 정도는 해야 해요."

초등학교에서 기본으로 배우는 것들을 미리 준비하지 않으면 뒤처진다는 말에 오히려 정신이 들었다. 내 안의 초등 교사 본능이 눈을 뜨는 순간이다. 다시금 천천히 살펴보았다.

'이건 초등학교 1학년 2학기 때 나오는 내용이고, 이건 2학년 때 배우는 건데. 굳이 이걸 지금부터 배워야 할까? 태블릿으로 공부한다고? 공부하려다 모바일 노출 시간만 늘어나겠네!'

이내 지갑은 슬며시 닫혔다. 돌이켜보면 '이미 늦었다'라는 말은 딸이 11개월 때, 전집을 사러 갔다가도 들었다.

"우리 아가, 지금 11개월이라고 하셨죠? 이 책은 어떠세요? 이건 6개월에 사셨어야 하는데, 늦었지만 지금이라도 시작하세요."

아직 11개월인 아기에게 이미 늦었다고 한다. 다섯 살도 늦었고, 11개월도 늦었고. 도대체 언제 시작해야 제때라는 말을 들을 수 있는 것일까? 사교육 시장에 제때가 있기는 한 건지 의문이다.

이른 학습을 서두를 필요는 없다

해마다 출산율이 낮아지며 학령 인구 또한 꾸준히 감소하고 있음에도, 사교육 시장의 열기는 식을 줄 모른다. 오히려 사교육 업체에서 교육 대상을 확보하기 위해 연령을 낮추다 보니 사교육을 시작하는 시기가 점점 빨라지고 있다. 2017년 육아정책연구소에서 발표한 〈2세 사교육 실태에 기초한 정책 시사점〉 연구 결과에 따르면 만 2세인 아동 537명 중에서 35.5%가 사교육을 받고 있었으며, 사교육을 시작한 나이는 평균 22개월이었다. 많은 사교육 업체가 이미 늦었다며 부모의 불안감을 자극한다. 부모들은 소중한 내 아이에게 교육의 기회를 충분히 주고 있지 못한 것 같은 죄책감과 우리 아이만 뒤처지게 될 것 같은 조바심에 휩쓸려 이른 교육의 길로 들어선다.

이른 학습은 일반적으로 부모에 의해 시작된다. 지인의 아이가 벌써 한글을 다 떼었다는 말에 서둘러 한글 학습지를 시작하고, 언어의 결정적 시기를 놓쳐서는 안 된다며 우리말도 서투른 아이를 데리고 영어 학원에 등록한다. 단기간에는 학습의 효과를 볼 수도 있다. 하지만 이렇게 시작하는 학습은 장기적으로 봤을 때 효과가 낮을 뿐만 아니라 더 큰 부작용을 낳는다. 바로 학습에 대한 부정적인 감정이 켜켜이 쌓이게 되는 것이다.

"수학 교과서 꺼내 보자."

"아… 선생님, 공부하기 싫어요."

깊은 탄식이 이어진다. 학생들은 이른 학습의 과정을 거친 후 선생님인 나를 만났을 것이다. 하고 싶지 않은 공부를 억지로 했던 경험이 쌓이고 쌓여 이미 공부라는 말만 나와도 벽을 친다. 아이들을 어르고 달래가며 가르치지만 이는 결코 아이의 잠재력을 최대로 끌어낼 수 없다. 자발성이 결여된 학습은 결국 왜 해야 하는지 알지 못한 채 따라가기만 하는 수동적 학습 태도로 귀결된다. 미국의 아동심리학자 데이비드 엘킨드David Elkind 의 저서 《기다리는 부모가 큰 아이를 만든다》에는 조기교육을 받았던 아이들을 추적 조사하는 내용이 있다. 그 결과 조기교육을 받은 아이들은 중학생 이후에 자신감이 떨어지는 모습을 보였다. 장기적인 관점에서 영유아기의 과한 학습은 득보다 실이 많다. 하고자 하는 최소한의 자발성이 있어야 비로소 학습이든 배움이든 의미가 있다. 따라서 아직 학습할 준비가 되지 않은 아이에게 학습을 서두를 필요는 없다.

"선생님, 수학익힘책 다 풀었어요. 검사받아도 돼요?"

"저는 이거 다 알아요. 학원에서 중학교 수학 배우고 있거든요."

이따금 우리는 빠른 것을 잘하는 것으로 착각한다. 다른 친구보다 빠르게 과제를 해내고, 지금 학년의 진도를 넘어서 어려운 수학책을 꺼내 풀고 있으면 더 똑똑한 것 같고 앞서가는 것 같다. 하지만 수학익힘책을 다 풀었다며 빠르게 검사를 받으러 온 아이는 틀린 문제를 다시 푸느라 더 오래 걸렸다. 중학교 수학을 배우고 있다며 자신만만하던 아이는 원리를 묻자 그건 배우지 않았다며 억울해했다.

사랑하니까 부족함 없이 키우고 싶고, 세상 위에 당당히 설 수 있도록 마음껏 지원해주고 싶다. 생활비를 아껴서라도 교육비만은 아끼고 싶지 않은 게 엄마 마음이다. 이미 늦었다는 말에 지갑을 여는 엄마들의 조급함도 너무 사랑하기 때문이다. 그 마음이 잘못되었다는 것이 아니다. 이른 교육을 하지 말라는 것도 아니다. 단지 엄마의 조급함 때문에 학습을 시작하는 게 아니었으면 좋겠다. 아이가 하고 싶다 할 때 그때 시작해도 늦지 않다.

'그냥 놀게 해도 될까?'

'그러다 진짜 우리 아이만 뒤처지면 어떻게 하지?'

학습과 놀이 사이에서 육아의 고민은 깊어진다. 해줄 수 있는 것은 모두 다 해주고 싶은데, 어떤 것이 최선인지 알다가도 모르겠다. 공부를 잘해서 나보다 더 나은 삶을 살기 바라는 마음에 학습의 길로 이끌어보지만, 하고 싶지 않다며 몸을 배배 꼬는 아이를 볼 때마다 욕심인 건 아닐까 자책한다. 반대로 이 시기에는 잘 노는 것이 중요하다며 놀라고 하면서도 마음 한편으로는 이래도 되나 불안하다. 무엇을 우선해야 하는지를 고민하며 학습과 놀이 사이에서 끝없이 저울질하는 사이, 우리가 놓치고 있는 게 보인다. 바로 학습의 과정에서 주인공은 결코 부모가 아닌 아이라는 것, 그러니 부모의 조급함에 따라 학습을 서두를 이유는 전혀 없다.

몰입의 경험이
공부머리가 된다

수학 문제를 푸는 아이들이 바쁘다. 머릿속이 바쁘고 손이 바빠야 하는데, 문제가 너무 어렵다는 둥, 힌트를 좀 달라는 둥 입이 제일 바쁘다. 그중 한율이는 아무 말이 없다. 문제를 푸는 건지 낙서를 하는 건지 궁금해질 즈음 한율이가 살며시 고개를 들더니 해맑은 표정으로 말했다.

"어려운데, 재미있어요!"

한율이 시험지에는 썼다 지우기를 반복한 문제 풀이의 흔적이 빼곡했다. 온갖 방법을 생각해내며 치열한 생각의 흐름을 이어갔을 한율이가 기특해 슬며시 엄지손가락을 들어주었다. 학부모 상담 때, 한율이 어머니는 '자기가 좋아서 하는 일'이라는 말을 자주 했다. 하고 싶은 것을 하다 보니 이렇게도 해보고 저렇게도 해보는 과정 자체가 재미있다. 마음껏 실수해도 괜찮은 자유를 만끽하며 호기심을 가지고 세상을 탐색하는 과정을 즐기다 보니 시간의 흐름은 잊고야 만다. 몰입이다.

초등학교에서 20여 년의 시간 동안 많은 학생을 만나보니 온 마음을 빼앗길 정도로 집중하는 경험을 통해 몰입의 즐거움을 경험한 아이는 후에 어떠한 학습이 얹어져도 해낼 수 있었다. 몰입을 통해 스스로 문제를 극복하는 잠재력을 얻기 때문이다. 준비되지 않은 시기에 부모에 의해 억지로 하는 이른 학습으로는 결코 얻을 수 없는 것들이다.

"하기 싫은 것도 해야 한다는 걸 배워야 하지 않을까요?"

"엉덩이 힘이 중요하다던데, 어렸을 때부터 앉아서 공부하는 습관을 들여야 하지 않나요?"

하기 싫은 것을 억지로 하는 경험은 학습을 싫어하게 할 뿐 결코 몰입으로 이어질 수 없다. 앉아서 공부하는 것이 아니어도 엉덩이 힘을 키워줄 방법은 얼마든지 있다. 아이가 좋아하는 것을 마음껏 하게 하면 시키지도 않았는데 한자리에 앉아 놀라운 집중력을 보인다.

아이가 조용하면 엄마들은 불안하다. 보이지 않는 곳에서 무언가 사고를 치고 있을 확률이 매우 높기 때문이다. 작은 상자 안에 든 지퍼백을 모조리 꺼낸다. 하나 뽑을 때마다 '까꿍' 하듯이 다음 지퍼백이 불쑥 튀어나오니 재미있다. 현관에 주저앉아 온 가족의 신발을 만져보고 신어도 본다. 손과 발이 새까매져도 그런 것쯤은 상관없다. 화장실에는 그야말로 놀거리가 가득하다. 휴지를 조금씩 뜯어 변기 속에 넣고 물을 내린다. 엄마가 설거지하듯 목욕 장난감을 깨끗하게 씻겠다고도 한다. 결국엔 온몸이 젖은 채 배시시 웃는다. 바다를 보여주고 싶어 떠난 여행길에 바다는 보지 않고 모래만 만지다 오기도 했다. 수많은 모래 알갱이가 매력적이었는지 서연이는 모래 위에 드러누워 온몸으로 그 시간을 즐겼다. 이제 집에 가자는 엄마의 말이 들리지 않는다. 듣고 싶지 않은 것일 수도 있다. 방해받지 않은 상태에서 원하는 만큼 원하는 놀이를 하고 싶은 것, 진정 아이들이 원하는 것인 동시에 스스로 몰입을 경험해보는 최적의 방식이다.

엄마는 '이제 그만'을 외치지만 아이는 '이제 시작'이라 한다. 세상의 모든 처음 만나는 것들이 신기하기만 하니 어쩔 수 없다.

어른이 보기에는 단순한 장난(혹은 사고를 치는 것)으로 보일지 몰라도 아이들에게는 세상에 도전하고 탐색하는 흥미진진한 배움이니, 위험한 일이 아니라면 아이가 온몸으로 경험하고 탐색했으면 좋겠다. 하고 싶은 것을 마음껏 경험하는 가운데 '왜 그럴까' 하는 호기심을 가지고 이렇게도 해보고 저렇게도 해보며 나름의 길을 찾는다. 실수마저 즐겁다. 혹여 실패하더라도 다시 하면 된다는 믿음을 키워간다. 누군가에 의해 이끌어지는 배움이 아니라 온전히 내가 중심이 되어 탐색하는 과정을 통해 내가 나를 인정하는 기쁨을 누리게 된다. 몰입에 빠져 스스로 호기심을 충족해가는 과정이 아이에게는 배움이다. 부모에게 필요한 건 인내심과 그냥 지켜볼 수 있는 과감함이다.

부드러운 자극으로
공부머리를 키운다

베스트셀러 《넛지》를 보면, 급식 메뉴에 변화를 주지 않은 상태에서 단지 음식의 진열이나 배열을 바꾸는 것만으로도 특정 음식의 소비량을 무려 25%씩이나 올리고 내릴 수 있다고 말한다. 건강을 위해 채소나 과일을 먹으라고 강요하지 않았다. 단지 눈에 잘 띄는 위치에 놓았을 뿐이었다. 남자 화장실의 소변기에 파리를 그려 넣었더니 변기 밖으로 튀는 소변의 양이 80%나 감소했다. 누구도 강요하지 않았다. 심지어 파리를 조준하라고 권하지도 않았다. 단지 파리를 그려 넣었을 뿐이다.

강요하지 않는 부드러운 자극이 가져온 커다란 변화가 실로 놀랍다. 강요했다면 겉으로 드러내지는 않아도 속으로는 싫다며 강하게 반발했을 것이다. 듣기 좋은 말도 서너 번이라고, 자발적인 선택이 아니라 타인에 의한 강요라고 느껴지는 순간 의지는 사라지고 그 자리에는 반감만 남는다. 공부하려고 했는데 공부하라고 하는 순간 공부하기 싫어지고, 청소하려 했는데 청소하라고 하니 청소하기 싫어지는 것과 같다.

우리 아이들에게도 긍정적 변화를 일으킬 강요하지 않는 부드러운 자극이 필요하다. 이렇게 말하면 대부분 칭찬 스티커를 준다거나 받아쓰기 몇 점 이상이면 선물을 주겠다는 등의 외적 보상을 떠올린다. 아이가 강요라 받아들이지 않는 자극이니 환영할 만도 하지만, 외적 보상에 익숙해지면 아이들은 다음에는 더 큰 보상을 바랄 뿐이고, 보상이 사라졌을 때는 해야 할 의지 또한 사라지기에 주의해야 한다.

옛날 어느 마을에 혼자 사는 노인이 있었다. 언제부터인가 노인의 조용한 집 주변으로 동네 꼬마들이 모여서 시끄럽게 떠들며 놀기 시작했다. 시끄러워 참을 수 없게 된 노인은 꼬마들을 집으로 불렀다.

"귀가 잘 안 들려서 그러니 앞으로 집 앞에서 큰 소리로 떠든다면 한 사람당 25센트씩 주마."

다음 날 아이들은 신이 나서 몰려왔고, 큰 소리로 떠들고 논 뒤 약속대로 25센트를 받았다. 노인은 돈을 주며 내일도 또 와서 놀아달라고 말했다. 다음 날도, 그다음 날도 노인은 아이들에게 돈을 주었다. 하지만 금액은 20센트에서 15센트로, 10센트에서 다시 5센트로 점점 줄어들었다. 돈이 없어서 더 이상 줄 수 없다는 것이었다. 그러자 아이들은 화를 내며 말했다.

"이렇게 적은 돈으로는 더 이상 떠들며 놀아줄 수 없어요!"

그 후 노인의 집은 평화를 되찾았다. 이 이야기에서처럼 외적인 보상이 주어지게 되면 학생들은 보상에 초점을 맞추고 자기가 그 일을 하는 이유가 보상에 있다고 믿는다. 이를 '과잉 정당화Overjustification Effect'라고 하는데, 잘못된 정당화가 지속되면 과제 자체가 주는 흥미는 사라지게 되고, 오로지 보상이 나의 목적이라고 인식하게 된다. 아이들의 흥미를 과제에서 보상으로 옮겨가게 만들어 결국 과제 자체에 대한 흥미가 떨어지는 것이다. 물론 적절히 사용한다면 외적 보상도 아이가 긍정적인 방향으로 노력하도록 작용할 수 있다. 주의할 것은 외적 보상으로 시작했더라도 멈추면 안 되고 아이의 내적인 동기부여로 은밀하게 연결되어야 한다는 점이다.

교실의 놀잇감을 가지고 놀다 수업 시간 종이 울리면 정리해야 한다. 마음이 급하다 보니 정리된 모양새가 영 깔끔치 못하다. 자기가 가지고 논 놀잇감은 제자리에 정리해보자 여러 번 말해도 소용이 없다. 정리를 잘한 학생에게 칭찬 도장도 찍어주었지만, 정리하는 학생만 계속할 뿐이다. 작은 차이가 필요하다. 원하는 모습으로 정리 정돈을 하고서는 사진을 찍어 선반마다 붙여 놓았다. 작은 변화를 마주한 학생들은 뭘 의미하는지 한참 고민한다.

"선생님, 이거 뭐예요?"

학생들의 질문에 선뜻 대답하지 않는다. "자, 여기 사진을 보고 이 모습대로 정리하는 거야. 알겠지?"라고 덧붙이는 순간 잔소리가 되고 강요가 될 것이기에 인내심을 가지고 기다려본다.

"아, 이렇게 정리하라는 건가 봐!"

누군가의 외침에 학생들은 고개를 끄덕였고, 그 후로 학생들은 사진과 똑같이 정리했다. 깔끔하게 정리하라 더 이상 잔소리하지 않아도 되었다. 잘 정리하라는 말은 정리를 잘하는 아이로 이끄는 것이 아니라 왜 이렇게 정리를 잘하지 못하느냐는 질타였다. 나름 잘 정리한다고 했는데 선생님이 자꾸 혼을 내니 학생들은 속으로 나는 정리를 잘 못하는 아이라고 단정 지었을 것이다. 그런데 어느 날 친절한 변화를 마주했고 한번 해보았더니 정리를 잘한다는 칭찬을 받았다. 원래 나는 정리를 못하는 아이라고만 생각했는데 그게 아닐 수도 있겠다는 생각이 들며 할 수 있다는 의지가 생겨난다. 아이 내면의 긍정적 의도를 끄집어 줄 작은 변화와 칭찬이 정리를 잘하는 습관뿐만 아니라 아이의 자존감까지 키웠다. 아이에게 사소한 변화를 툭 던져보자. '강요하지 않는 부드러운 자극'으로 사고를 열어주면 그걸로 충분하다.

가랑비에 옷 젖는 줄 모른다는 말이 있다. 사소한 일이라도 신경을 쓰지 않다가 쌓이고 쌓이면 나중에 큰일을 당할지도 모른다는 것을 뜻하는 속담이지만, 다르게 생각해 보면 사소한 경험이 누적되어 어느새 큰 변화를 보게 된다는 의미이기도 하다. 길고 긴 육아의 레이스에 더도 말고 덜도 말고 가랑비만큼의 부드러운 자극으로 아이와 함께하길 바란다. 나비 효과가 되어 아이의 큰 성장으로 이어지는 놀라움을 경험하게 될 것이다.

신지윤

신체 몰입
원 없이 노는 것이 곧 몰입이다

언어 몰입

책, 읽어주기에서 문해력까지

자기 몰입

한 명의 인간으로서
생각하고, 고민하고, 주장한다

관계 몰입

5장

우리 주변 모든 곳에 배움이 있다

제1장

신체
몰입

원 없이 노는 것이
곧 몰입이다

아직은
놀아도 괜찮다

"선생님, 학교에 몇 시쯤 도착해요?"

체험학습을 마치고 학교로 돌아가는 길이었다. 자기네들끼리 뭔가를 쑥덕이더니 뜬금없이 학교에 언제쯤 도착할지를 묻는다. 이제 곧 도착할 테니 답답해도 조금만 참으라 말하는데, 오히려 학생들의 얼굴에는 실망한 기색이 역력하다.

"2시에 도착한다고 엄마한테 문자 보내주시면 안 돼요? 2시에 도착하면 학원 안 가도 되는데, 1시 30분에 도착하면 학원 가야 해서요. 운동장에서 친구들이랑 조금만 놀다가 갈게요. 제발요!"

마음 같아서는 놀게 해주고 싶어도 그럴 수는 없는 노릇. 미안
하지만 어렵겠다는 말에 학생들은 터덜터덜 학원으로 향했다.

학원과 스마트폰에
시간을 빼앗긴 아이들

학생들은 참 바쁘다. 학교 수업이 끝나면 저마다의 스케줄에
따라 학원으로 바삐 걸음을 재촉한다. 수학 시간에 셈이 서툴렀던
학생과 잠시 보충 학습을 하고 싶어도 남겨서 지도할 수 없다. 뭔
가 마음이 불편해 보이던 학생과 조용한 빈 교실에서 깊은 대화를
나누고 싶지만 쉬는 시간, 점심시간 등의 자투리 시간이 아니면
그럴 여유가 없다. 조금이라도 하교가 늦어지면 학원 수업 시간에
맞추기 어렵다 보니 하교 시간은 반드시 지켜야 하기 때문이다.
하교 후 정해진 스케줄에 따라 학원 몇 군데를 거치고 나면 어느
새 어둠이 내려앉는다. 워라벨 Work-life Balance 을 중요시하는 시대라
지만 아이들에게는 학업의 쏠림이 두드러진다.

> "한국의 학생들은 하루 15시간 동안 학교와 학원에서 미래에 필요하지
> 않은 지식과 존재하지도 않을 직업을 위해 시간을 낭비하고 있다."
>
> 앨빈 토플러 Alvin Toffler

〈2018년도 아동 종합 실태조사〉는 전국의 만 18세 미만인 아동 4,000가구를 조사한 보고서다. 연구 결과, 초등학생의 하루 평균 학습 시간은 6시간 49분인데 비해 하루 평균 여가는 49분에 불과했다. 이는 유아도 마찬가지다.

육아정책연구소에서 발표한 〈영유아의 하루일과에 비추어 본 아동 권리의 현주소 및 개선방안〉 연구에서 5세 부모 704명, 5세 교사 601명을 대상으로 조사한 결과, 5세 아동의 평일 기준 학습 시간(가정 양육 아동 기준)은 3시간에 육박할 정도인데, 바깥 놀이 시간은 1시간 4분 정도뿐이었다. 하루 중 대부분의 시간을 학업에 쏟는 현실을 직시했을 때, 시간을 내어 밖에서 땀 흘리며 마음껏 뛰어논다는 것은 애당초 가능한 일이 아닐는지 모르겠다.

그나마 시간을 내어 놀이터로 나가도 함께 놀 친구가 없다. 다들 학원에 있으니 오죽하면 친구와 놀기 위해서라도 학원에 가야 한다고 말한다. 결국 잠깐의 틈새 시간에 꺼내는 것은 스마트폰이다. 심심하니 스마트폰을 하게 되고, 스마트 미디어 기기에 익숙해진 아이들은 친구와 함께 있어도 이내 시선은 스마트폰으로 향한다. 〈2021 청소년 통계〉에 따르면 10대 청소년의 일주일 평균 인터넷 이용 시간은 2016년 15.4시간에서 2020년 27.6시간으로 급증했다. 2020년 육아정책연구소에서 발표한 〈영유아의 스마트 미디어 사용 실태 및 부모 인식 분석〉에서 만 12개월 이상 만 6세

이하 자녀를 둔 부모 602명을 대상으로 조사한 결과, 하루에 한 번 이상 스마트폰을 사용하는 영유아는 46.8%였으며, 평균 이용 시간이 한 시간을 넘는다는 영유아가 21.6%에 달했다. 문제는 미디어의 자극에 익숙해지다 보면 더 자극적인 것을 찾게 된다. 모바일 영상과 게임을 즐기다 보면 시간의 흐름은 잊고야 만다. 골목길을 가득 채우던 아이들의 웃음소리는 사라지고, 놀이의 자리를 이제는 기계가 차지해버렸다.

성장과 몰입으로 이끄는 놀이의 힘

학업과 스마트 미디어 위주의 생활은 신체 활동의 부족으로 이어진다. 〈청소년의 건강 및 생활 습관에 관한 조사〉 결과에서 청소년 8,201명 중 33.1%가 학교 정규 체육 시간 이외에 학교나 학교 밖에서의 운동 시간이 전혀 없다고 답했다. 그래서 그런 걸까. 학생들은 체육 시간이라 하면 일단 소리부터 지르고 본다. 움직이고 싶은 아이들의 절실한 마음의 표현이다. 아이들에게 움직임은 교실에서 벗어나 잠시 한숨 돌리는 것 이상의 의미가 있다.

그런 면에서 놀이는 우리가 생각하는 것보다 더 중요하다. 네덜란드의 역사학자인 요한 하위징아 Johan Huizinga는 놀이야말로 재미와 즐거움을 내포하고 있는 인간의 본능이라 말하며, 놀이하는 인간으로서의 호모 루덴스Homo Ludens를 제시했다. 영아기 아이들은 만져보고 입으로 물고 빨며 놀이하는 가운데 오감이 발달하고, 유아기 아이들은 온몸으로 세상을 탐구한다. 새로운 것으로 가득한 세상에 궁금한 것이 많다 보니 '무엇일까?' 하는 호기심은 자발적인 탐색의 과정으로 연결된다. 이렇게도 해보고 저렇게도 해보는 시행착오의 과정을 통해 문제를 해결하는 방법을 익히게 되고, 새로운 것을 알게 될 때마다 아이는 호기심이 해결되며 지적 욕구가 충족된다. 스스로 탐색하고 알아가는 과정이 기쁘니 자연스레 몰입으로 이어진다.

타인과 관계를 맺고 더불어 사는 방법을 배우는 연결고리도 놀이다. 함께 놀이하는 사람과의 긍정적인 상호작용을 통해 아이는 사회적 관계 맺음의 첫걸음을 뗀다. 게다가 내 뜻대로만 할 수는 없기에 서로 의견을 주고받는 과정에서 수용과 반박의 논리를 자연스레 깨친다. 놀이의 규칙을 익히고 때로는 양보해야 하는 상황을 맞닥뜨리기도 하며 아이는 점차 사회의 구성원으로서 갖추어야 할 기본적인 규범을 익혀 나간다.

마음 깊숙한 곳의 부정적인 감정을 배출하는 통로도 놀이다. 놀면서 언어로 표현하기 어려운 내면의 욕구를 드러내는 가운데 감정을 자연스럽게 분출하며 심리적 갈등을 해소한다. 놀이 욕구가 충분히 충족될 때 아이들은 신체적으로나 정서적으로 건강하고 조화롭게 성장해 나갈 수 있음을 기억하자.

tip
엄마와 아이가 성장하는 몰입 육아 이야기

EBS 다큐멘터리 〈놀이의 힘〉에서 11세 아이들을 대상으로 30분간 자유 놀이를 한 그룹과 30분간 수학 문제를 푼 그룹의 뇌파를 각각 측정했다. 자율 협동 놀이 후 창의성, 집중력과 관련이 있는 알파파는 443.3%가 증가했다. 2016년 서울의 한 초등학교 11~13세 30명의 초등학생을 대상으로 진행한 실험에서도 마찬가지였다. 일주일에 60분씩 자유 놀이를 하도록 한 후 4개월 뒤 뇌파를 측정해 보았을 때 전두엽 알파파의 평균 수치가 무려 20% 이상 상승했다. 더욱 놀라운 것은 좌뇌와 우뇌의 불균형이 극심했던 한 학생은 뇌의 불균형이 현저히 개선되었다. 부모들이 그토록 바라는 내 아이의 뇌를 발달시키는 지름길은 학습이 아니라 바로 놀이였다.

학습을 위한 놀이는
놀이가 아니다

　'아이랑 뭐 하고 노세요?' 육아 커뮤니티에서 심심치 않게 볼 수 있는 질문이다. 유아기 때 놀이가 중요하다는 것에 대한 인식이 커지며 자녀와 의미 있는 놀이 시간을 갖고 싶은데, 정작 어찌 해야 할지 모를 답답함에 SNS에 도움을 요청하는 것이다. 부모에게 놀이가 힘든 이유는 '내가 뭘 해줄까?'를 고민하기 때문이다. '심심해', '나 이제 뭐 해?', '재미없어' 이 세 문장은 아이를 즐겁고 행복하게 해주지 못하고 있다는 미안함과 죄책감으로 이어진다. 일분일초도 놓치지 않고 자녀를 즐겁게 해주고자 부모들은 자녀의 무료함을 달랠 무언가를 찾아 고민한다. 이는 놀이를 고민하는 주체가 부모라는 뜻이기도 하다.

이제 놀이에 대한 심리적 부담감을 내려놓고 아이에게 심심함을 선물하자. 바닥에 누워 뒹굴뒹굴하다가 놀거리를 찾아서 주변을 관찰하고 탐색하는 것을 아이의 몫으로 넘겨보자. 백희나 작가는 2023년 한국아동청소년문학학회에서 아이들에게 필요한 건 지리멸렬하게 지루한 시간과 약간의 결핍이라고 말했다. 프랑스의 동화 작가인 에르베 튈레Herve Tullet 역시 심심함이 창의력의 원천이며, 공항에서 무료하게 기다리는 시간에 가장 창의적인 아이디어가 샘솟는다고 말했다.

놀이의 주도권을 아이에게 넘겨주면 놀아달라 보채다가도 뭘하며 놀지 자연스레 탐색하게 된다. 심심함에 멍하니 벽지 무늬를 바라보다 규칙성을 발견하기도 하고 따라 그려도 본다. 잡동사니가 가득 든 방에서 이것저것 뒤적이다 눈길을 끄는 것 하나 집어 들고서 제멋대로의 놀이를 펼친다. 심심함이 바로 놀이의 시작이다.

스스로 놀이를 선택하고 방법을 찾으면 아이들은 더 적극적으로 놀이를 즐긴다. EBS 다큐멘터리 〈놀이의 힘〉에서 유치원생들을 두 개의 그룹으로 나누어 실험했다. 각각 30분 동안 놀이 시간을 주면서 한 그룹에는 블록 놀이를, 다른 그룹에는 하고 싶은 놀이를 하도록 지시했다. 30분이 지나고 두 그룹의 아이들에게 지금까지 하던 놀이를 계속해도 되고 다른 놀이를 선택해도 된다고 했을 때 아이들의 반응은 어땠을까? 30분 동안 나름 재미있게 블록 놀이를 즐기던 아이들은 바로 다른 놀이로 옮겼고, 자유 놀이를 했던 아이들은 여전히 같은 놀이를 계속했다. 아이들이 좋아하는 놀이를 제안했을 뿐임에도 자발적 욕구에 의한 선택인지가 이와 같은 차이를 가져왔다. 스스로 선택한 놀이를 할 때 아이는 놀이에 빠져들며 자연스레 몰입을 경험하게 된다.

아이에게
부모의 놀이를 물려주자

무작정 '네가 하고 싶은 것을 해라'고 하기가 힘들다면 잠시 눈을 감고 어렸을 때 뭘 하고 놀았는지를 떠올려보자. 가족들과 도란도란 둘러앉아 별것 아닌 놀이에 깔깔대고 웃으며, "또! 또!"를 외쳤던 추억의 최애 놀이가 바로 그 답이 되어줄 것이다. 무궁화꽃이 피었습니다, 땅따먹기, 고무줄놀이, 공기놀이, 실뜨기, 딱지치기, 발짝 뛰기, 얼음 땡! 아이와 함께 내가 어렸을 때 좋아했던 놀이를 해보자. 좋아하고 즐겨 했던 놀이이기에 놀이 규칙은 누구보다도 더 잘 알고 있다. 엄마와 아빠가 추억에 잠겨 신나게 노는 모습에 아이도 덩달아 신명 난다. 그렇게 살을 맞대고 부대끼며 눈을 맞추다 보니 해같이 밝아지는 얼굴 속에 시간은 절로 흐른다.

어린 시절 골목에서 동네 언니, 오빠들로부터 배워서 자연스럽게 즐기던 놀이를 이제는 초등학교에서 배운다. 놀이의 가치가 분명하고 배워야 할 필요가 있음에도 경험해볼 기회가 없으니 학교 교육과정에 포함해 가르치는 것이다. 이러한 놀이는 가벼운 움직임처럼 보이지만 아이들에게는 상당히 효과적인 신체 활동이 된다. 서로 쫓고 쫓기는 아슬아슬한 레이스는 힘껏 내달리게 만든다. 술래를 피하기 위한 순발력과 민첩성 역시 놀다 보면 얻게 되는 선물이다.

놀다 보면 부모 혹은 친구와 치열한 논쟁이 불가피하다. 서로 의견을 주고받는 첨예한 토론 끝에 촘촘히 전략을 만들어간다. 이기기 위해 온 힘을 다하면서도 약자라고 해서 함부로 대하지 않는다. 깍두기라는 이름으로 어떻게든 품고 간다. 잘 노는 아이가 공부도 잘한다는 말은 괜히 하는 말이 아니다. 놀다 보면 하루가 너무나 짧다는 노랫말처럼 비싸고 멋진 장난감 하나 없이도 하루 종일 재미로 가득한 순간을 아이와 함께 만들어보자.

놀이를 통해서 숫자를 얼마나 재미있게 배웠는지, 한글 놀이가
얼마나 신이 났었는지는 떠올리지 말자. 그것은 학습이다. 놀이로
가장한 학습을 하고서 잘 놀았다고 해봐야 아이의 놀이 배고픔은
사라지지 않는다. 놀이는 온전히 놀이어야 한다. 1박 2일로 회사
사람들과 함께 제주도로 워크숍을 떠난다고 가정해보자. 누군가
가 제주도로 여행 가서 좋겠다고 이야기한다면 그렇다고 한 치의
망설임 없이 고개를 끄덕일 수 있을까? 워크숍은 일이지 절대 여
행이 될 수 없다. 가서 아무리 업무 관련된 일은 하나도 하지 않고
친목 도모만을 위해 즐기러 간다고 하더라도 워크숍은 여행을 가
장한 업무의 연장선일 뿐이다.

학습을 재미있는 놀이의 모습으로 가장해 친근하게 다가가 아
이의 마음을 여는 것은 괜찮다. 초등학교에서도 수업할 때 추상적
인 학습의 개념을 학생들이 쉽게 이해할 수 있도록 놀이의 방법을
자주 활용한다. 학습한 내용이 담긴 말판 놀이를 하거나, 숫자 카
드를 이용한 놀이를 하는 것이다. 초등학교 2학년 수학 시간, 곱셈
의 원리를 익히기 위해 주사위를 이용한 땅따먹기 놀이를 했다.

"오예, 나 숫자 6이랑 3 나왔다."

"6이 세 번 있는 거면 몇 칸 색칠해야 해?"

"여섯 개씩 세 번 색칠하면 되지. 여섯 칸 색칠하고, 또 여섯 칸 색칠하고, 또 여섯 칸 색칠하고!"

"몇 칸 색칠했어?"

"열 여덟 칸. 이제 네 차례야."

구구단을 외우게 하고 학습지에 여섯 개씩 묶음을 만들어 세어 보라 하면 학생들은 시작도 하기 전에 질린 표정으로 널브러져 탄식을 내뱉는다. 그러나 주사위 두 개를 주고서 땅따먹기 놀이라고 하니 신이 나서 주사위를 던지고 해당하는 숫자만큼 색칠하며 자기의 영토를 넓혀간다. 단순 반복은 지루하고 반발을 사기 쉽지만, 놀이로 포장된 반복은 거부감이 없다. 자연스럽게 반복하고 또 반복하는 가운데 이론을 익힌다. 원하는 숫자가 나올 때마다 여기저기에서 환호가 터졌다. 신명 나게 땅따먹기 놀이를 하다 보니 수학도 나름 재미있다. 그렇다고 학생들은 잘 놀았다고 하지 않는다. 수학 놀이를 해 놓고선 "자, 이제 잘 놀았으니 공부하자" 하면 학생들 입이 삐죽 나올 게 분명하다. 학습임이 분명하니 이제는 쉬어야 한다며 목청껏 외쳐댈 것이다.

부모는 태권도장에서 신나게 움직였으니 되었고, 미술학원에서 재미있게 그림을 그렸으니 잘 놀았다 한다. 종일 놀았으면서 하나도 놀지 못했다는 아이의 말이 아무리 생각해도 이해되지 않는다. 하지만 아이가 못 놀았다 하면 아이가 맞다. 아이는 태권도장에서 신체적인 움직임을 학습한 것이고, 미술학원에서 그림 그리는 것을 배운 것이다. 스스로 선택해서 주도하며 즐기는 놀이와는 사뭇 다르다. 부모와의 놀이에서도 무슨 색인지, 개수는 몇 개인지, 한글로 뭐라 적혀있는지 읽어보자 등의 학습을 하고선 잘 놀았다고 해서는 안 된다. 놀이할 때는 재미있으면 그걸로 충분하다.

"엄마, 나 심심해요."
놀아달라는 말일 수도 있고 스마트폰으로 게임을 하고 싶다는 말일 수도 있다. 아이의 말뜻을 알지만, 모르쇠로 일관하고는 엄마도 심심하다며 뒹굴었다. 심심함에 몸부림치던 아이도 함께 뒹굴었다. 그러다 어떤 날에는 책을 집어 들었고, 또 어떤 날에는 그림을 그렸다. 오래전에 가지고 놀던 장난감이 서랍장 구석에서 다시 빛을 볼 수 있었던 것도 아이의 심심함 덕분이었다. 아이가 심심하다고 느끼는 바로 그 순간이 놀이의 시작이다. 뭘 할까 고민하는 시간의 빈틈 속에서 아이들은 스스로 놀거리를 찾아내고 제멋대로의 놀이를 펼치는 가운데 자연스레 몰입을 경험하게 된다. 아이가 선택해서 주도하며 즐기는 놀이가 가진 힘이다.

부모의 시간을 지키며 놀아주는 법

아침 출근길, 라디오를 켰다. 라디오 DJ가 기자와 가벼운 담소를 나누고 있었다.

"기자님, 주말 재미있게 보내셨나요?"

"네. 집에서 아이와 즐거운 시간을 보냈습니다."

"아이와 주로 어떻게 노세요?"

"저는 병원 놀이를 제일 좋아합니다. 환자 역할을 하면 누울 수 있거든요."

라디오 DJ와 기자의 깔깔거리는 웃음소리와 함께, 세상 모든 부모의 공감하는 목소리가 들려오는 듯했다. 지치지 않는 에너자이저와 함께 있다 보면 눕는다는 것이 얼마나 소중한지.

뭘하며 놀지에 대한 고민만 해결하면 될 듯하지만, 놀이의 최대 위기는 다른 데 있다. 충분히 논 것 같은데 끝이 보이질 않는다. 아이에게는 노는 것이 삶이라지만 하루 종일 직장에서 일에 치이다 퇴근 후 곧바로 이어지는 육아 출근에 가사 노동까지 더하다 보면 부모의 체력은 이미 바닥난 지 오래다. 견딜 수 없는 피곤함에 잠이 쏟아지는 부모와는 다르게 아이들은 지친 것 같다가도 잠깐 휴식하고 나면 금세 충전이 된다. 인내심이 바닥을 드러내며 이제 그만하고 씻고 자자고 꼬드겨봤자 아이 귀에 들릴 리 없다. 결국엔 목소리 톤이 높아지며 즐거웠던 놀이의 흥은 깨지고, 원치 않던 새드 엔딩을 맞이하게 된다.

〈시간 빈곤에 관한 연구〉에서 전국 17개 시도에 거주하는 성인(만 20세 이상 만 60세 미만) 남녀 3,360명을 대상으로 연구한 결과를 살펴보면, 한국의 만 20세 이상 성인 네 명 중 한 명은 일주일(168시간)에 자유시간이 서른 세 시간도 안 되는 시간 빈곤 상황인 것으로 드러났다. '시간 빈곤'이란 일주일 동안 누리는 여가 또는 자유시간이 다른 사람에 비해 상대적으로 부족한 것을 의미하는 말로, 특히 육아에 많은 영향을 받았다. 자녀가 없는 기혼자의 경우에는 시간 빈곤율이 남녀 각각 16.2%와 14.2%로 미혼 남성

(15.6%), 미혼 여성(15.0%)과 큰 차이가 없었다. 그러나 만 6세 이하 미취학 자녀가 있는 경우에는 남성의 시간 빈곤율은 52.8%, 여성은 66.2%까지 상승했다. 직장을 다니며 미취학 자녀를 돌보는 40대 기혼 여성이 가장 극심한 '시간 빈곤'에 시달리고 있었다.

놀이 전담제로
시간 빈곤에서 벗어나기

직장에서 일하고 집으로 돌아오면 퇴근이 아니라 다시 육아 출근이 시작된다. 오죽하면 일터에 나가듯 '출근'이란 말을 쓸까. 그러니 일과 육아 사이에 나를 위한 시간이 있을리 만무하다. 나를 후순위에 두고 산 세월이 켜켜이 쌓이다 보니 짬이 나도 이제는 뭘 해야 할지 모르겠다. 아이를 돌보느라 정작 나를 돌보는 방법을 잊은 것이다. 나의 에너지를 채울 시간이 필요하다. 시간을 늘릴 순 없으니 시간을 나누어보자.

"놀이 전담제 어때?"

남편이 솔깃한 제안을 했다. 부모 둘이 아이 한 명에 매달려 에너지를 소진하지 말고, 시간을 나누어 육아하자는 것이었다. 선뜻 '오케이!'를 외치고 오전과 오후로 나누어 번갈아 육아를 맡았다. 내가 오전 육아를, 남편이 오후를 맡았다. 몇 번은 순조로웠다. 오랜만에 갖게 된 혼자만의 시간에 짧은 외출을 하기도 했고 밀린 잠을 자기도 했다. 하지만 오후에는 의외의 변수가 많아 오후 휴식은 오전에 비해 터무니없이 짧았다. 갑작스레 온 가족이 외출하게 되면 남편만 오전에 자기 시간을 보내고 나의 오후 시간은 통으로 날아가 버리니 심통이 났다. 결국 몇 시간의 외출이 필요한 것이 아니라면 남편과 내가 한 시간씩 번갈아 육아하는 것으로 방법을 바꾸었다. 한 시간 육아와 한 시간 휴식을 반복하기에 지치지도 않았고, 개인적인 시간도 보장되어 나름 괜찮았다.

"지금 뭐 하고 있어?"

한 시간이 흐른 후, 거실로 나갔을 때 남편과 서연이는 뭔지 모를 놀이를 재미나게 하고 있었다. 남편의 말에 따르면 처음에 서연이의 제안으로 빨래 바구니와 양말을 가져다 양말 농구를 했다고 한다. 양말 농구는 곧 양말 축구로 바뀌었는데 눕혀 놓은 빨래 바구니에 골인시키기가 쉽지 않아 심통 부리기 일보 직전, 남편이 인형 뽑기 놀이를 제안했고 그래서 지금 하는 중이란다. 육아 배턴 터치와 함께 서연이와 인형 뽑기 놀이를 이어갔다. 바구니 안에는 양말이 수북이 들어있었는데, 가만히 살펴보니 돌돌 말은 양말 안에 동물 인형이 하나씩 끼워져 있었다. 양말로 뽑기 캡슐을 재현한 모양새가 제법 그럴듯했다. 동전 하나를 서연이 손에 올려놓았다. 서연이는 동전을 받아 챙기고는 집게 모양 손으로 인형

뽑을 준비가 되었음을 알렸다.

"오른쪽으로, 앞으로, 앞으로, 조금만 뒤로, 그만!"

서연이의 손등을 살짝 누른다. 서연이 손은 아래로 내려가 바로 그 자리에 있는 양말을 집어 들었다. 서연이는 엄마가 생각했던 것과 자신이 집은 것이 일치하는지를 확인했고, 그렇다는 말에 해냈다며 환호했다. 생각하지 못했던 방식으로 아이와 놀고 있는 남편의 놀이 흐름을 배턴 터치하듯 이어받으니 놀이에 대한 부담도 덜 수 있었다.

빅데이터 전문가 송길영 박사는 '나'보다 '우리'를 중시했던 과거와는 달리 나도 소중하다는 '나' 중심의 가치관이 활성화되고 있으며 앞으로 이러한 변화의 추세는 더 가속화될 것이라 예상했다. 미국에서는 육아와 가사에 지친 부모가 자신만의 시간을 갖는 미타임Me-Time이라는 개념이 등장했으며, 아빠만 가는 여행, 엄마만 가는 여행이 새로운 가족 문화로 자리매김하고 있다. 예전에는 온 가족이 다 함께 여행을 가는 것이 당연했다면 이제는 따로, 또 같이 여행한다. 예를 들어 여행을 갈 때 아내가 자녀와 함께 먼저 출발하면 개인적인 일정을 마친 남편이 1~2일 후에 여행지로 와서 온 가족 여행을 즐기다 아내는 1~2일 먼저 집으로 돌아오는 식이다. 그 방식이 어색하기보다는 신선하고 현명하기까지 했다. 이렇듯 서로를 지켜낼 시간을 확보하며 육아할 때다.

친구들에게 놀이 전담제 이야기를 해주었더니 친구들이 의아해하며 고개를 갸우뚱했다.

"몇 살인데 아직도 놀아줘야 해?"

다자녀를 둔 친구는 애가 애를 보고 있기에 놀아주지 않아도 된다고 했고, 비슷한 연령대의 두 아들을 키우고 있는 친구는 아이들끼리 잘 놀아서 괜찮다고 했다. 하지만 놀이가 관계 맺음의 시작이라는 점에서 생각했을 때, 부모가 놀이에 손을 뗄 수 있다고 해서 마냥 좋아할 수는 없는 노릇이다. 좋은 관계가 맺어질 때 신뢰가 형성되고, 신뢰하는 상대에게 속내를 드러낼 수 있다. '알아서 잘 노니까 부모는 빠져도 되겠지'라고 생각하는 순간, 아이의 마음속 부모의 공간도 빠지게 될지 모를 일이다.

"남편 직장이 멀어서 주말에만 집에 오는데, 아무리 피곤해도 꼭 주민이랑 테니스를 쳐요."

학부모 상담 중 수화기 너머로 들려오는 주민이 어머님 말씀에 무릎을 쳤다. 사춘기의 초입에 들어서 마음에 폭풍이 이는데도 부모님과 좋은 관계를 유지하던 주민이의 비밀에 한 발자국 다가선 느낌이었다. 부모와 잘 지내는 학생의 대부분은 부모와 매일 대화를 하거나, 운동을 같이하는 등의 방법으로 시간을 함께 공유하고 있었다. 유아기 자녀와 긍정적인 시간을 공유하는 가장 좋은 방법은 바로 함께 놀이하는 것이다. 한국보육지원학회지에서 발표한 〈부모-자녀 놀이에 대한 자녀의 인식과 행복과의 관계〉에서 만 5세 유아 120명과 그들의 부모 240명을 대상으로 연구한 결과, 부모와의 놀이 시간이 충분하고 재미있었으며 만족한다고 인식할수록 자녀가 느끼는 행복감도 높았다.

어차피 조금만 더 자라면 아이는 내 품에서 벗어나 제 세상을 찾아 걸어갈 거다. 엄마와 놀자고 해도 친구와 약속이 있다며 손 흔들고 문밖을 나설 때가 곧 올 것이다. 지나고 나면 그리울 순간들이다.

tip
엄마와 아이가 성장하는 몰입 육아 이야기

아이가 눈을 떠서 잠들 때까지 쉴 틈 없이 육아는 이어진다. 나의 모든 시간이 아이에게로 향하며 육아 번아웃을 호소하기도 한다. 나와 아이 사이에 균형이 필요하다. 마라톤과도 같은 육아의 긴 여정에 나를 위한 시간 Me-Time을 갖자. 채워진 에너지로 자녀와 긍정적인 상호작용을 이어갈 때 아이 역시 더욱 놀이에 몰입하며 행복감을 느낀다.

놀이 준비를
아이에게 맡겨보자

    마음을 다잡고 함께 놀아보자 해도 현실에서는 온전히 놀이를 즐기기가 쉽지 않다. 우리 애가 유별난 건지 한바탕 신나게 놀고 나면 아이 씻기랴, 난장판이 된 집 정리하랴, 뒤치다꺼리가 산더미다. 처음엔 뭣도 모르고 놀기 시작했지만, 알고 나서는 차마 시작할 엄두도 나지 않는다. 괜히 눈에 띄었다가 물감 놀이를 하고 싶다고 할까 봐 잘 보이지 않는 곳에 물감을 숨겨보지만 용케 잘도 찾아낸다. 어쩔 수 없이 전신 가운을 입히고 바닥에 비닐을 깔아 단단히 준비해도 머리부터 발끝까지 물감으로 보디페인팅을 즐기는 아이 앞에서는 속수무책이다.

어떤 놀이는 준비할 것도 많고 뒤치다꺼리에 대한 걱정이 앞서다 보니 놀이를 시작하기도 전부터 겁이 난다. 놀이의 과정에도 부모의 스트레스가 크게 영향을 미친다. 마음에 여유가 있을 때는 한없이 너그러워지며 괜찮다 수용하던 것들이 피로한 때에는 한계치에 금방 다다른다. 평소 같았으면 괜찮다고 했을 것에도 쉽게 분노하고 만다. 또한 열심히 놀이를 준비하다 보면 오히려 준비에 에너지를 빼앗겨 정작 놀이할 힘이 남아 있지 않다. 열심히 준비한 만큼 아이가 잘 놀아주었으면 좋겠다고 기대하게 되어 자기도 모르는 사이 이렇게 해라, 저렇게 하라며 자꾸 아이를 다그친다. 기대가 오히려 놀이의 재미를 떨어트리는 것이다. 아이 스스로 의미 있는 놀이를 찾게 하려면 부모는 개입을 자제하고 멀찌감치 물러나 있어야 한다. 따라서 놀이 준비에 힘을 쏟을 필요도 없다.

놀이는
준비하는 것부터 시작

중국 톈진 시에 있는 천진한국국제학교에서 근무할 때의 일이다. 한국과는 다소 다른 과학 실험 도구들과 중국어로 표기된 약품들 사이에서 필요한 것을 찾아 준비하는 과정이 만만치 않았다.

번거로운 준비 과정을 대수롭지 않게 해내는 동료 선생님에게 그 비법을 물었다.

"내가 안 해."

실험에 어떤 도구가 필요한지 고민해서 준비하는 것을 학생에게 맡긴다는 것이다. 학생들은 실험에 필요한 준비물을 탐색하고 찾는다. 비커 하나를 고르더라도 어떤 크기의 비커가 이 실험에 적당할지를 결정하고, 필요한 만큼의 시약을 스스로 측정한다. 실험을 마치고 나면 깨끗하게 씻어 정리하는 것도 학생들의 몫이다. 준비부터 정리까지의 모든 과정이 실험이다.

놀이 역시 마찬가지다. 놀이는 재료를 준비할 때부터 시작하며, 정리하는 것까지가 놀이다. 어린 시절 강가에서 물수제비를 너댓 번이나 띄우는 오빠를 따라 돌멩이를 던져본 적이 있다. 여러 번 시도해도 안 되니 척척 물수제비를 띄워대는 오빠를 힐끗 관찰한다. 오빠를 따라서 최적의 돌멩이를 찾는다. 던지는 모습도 유심히 바라본다. 던질 때의 각도와 힘을 이렇게도 해보고 저렇게도 해보며 성공의 길을 탐색한다. 세심한 관찰과 여러 번의 시행착오 끝에 던진 돌멩이가 물 위에 한 번이라도 튕기게 되면 해냈다는 기쁨이 가득 차오른다. 초등학교 3학년에는 공기놀이에 심취했었다. 친구들보다 공기놀이를 잘하고 싶어 고민한 끝에 다소 무거운 공깃돌이 더 잘 된다는 걸 깨달았다. 나는 공깃돌을 여러 개 사다가 안에 든 내용물을 하나로 합쳐 묵직한 공깃돌을 만들었다. 그렇게 시작한 놀이는 이내 시간의 흐름을 잊고 빠져들게 된다. 놀이가 갖는 몰입의 힘이다.

아이가 스스로 설계하는 놀이의 힘

"경주까지 갔는데, 지우는 풀밭에서 풀만 뽑다 왔어요."

지인의 볼멘소리를 듣자, 그와 비슷한 서연이 모습이 떠올라 웃음이 났다. 서연이는 놀이터에서도 털썩 주저앉아 개미에 온 마음을 빼앗기기 일쑤였다. 곰에 여행을 갔을 때도 모래놀이를 제일 좋아하는 것을 본 남편이 서해에 온 것과 다를 게 없다며 아쉬워했다. 아이들에게 화려한 놀잇감은 중요하지 않다. 물론 인기 있는 캐릭터가 그려져 있고 신나는 소리가 청각을 자극하는 비싼 장난감이 아이들의 시선을 사로잡는 건 맞다. 하지만 의외로 장난감은 몇 번 가지고 놀면 그만이다. 애초에 설계된 놀이는 호기심이 충족되는 순간 더 이상 매력적이지 않다. 그러니 비싼 장난감과 거창한 준비가 필요한 놀이에서 자유로워지자.

빨래 바구니에 건조된 옷가지들을 가득 담아 방으로 가져왔다. 우르르 쏟아낸 후 수건부터 차곡차곡 개고 있는데, 어김없이 서연이가 심심하다고 말하며 다가온다. 수북이 쌓인 양말을 건넸다.

"양말 짝 찾기 놀이하자."

나는 수건과 옷을 개고 서연이는 양말 짝을 맞추었다. 양말 하나 집을 때마다 엄마 양말, 아빠 양말, 아기 양말을 외쳐대며 잘도 짝을 맞춘다. 어느새 빨래 개기가 끝나고 바구니가 비었다. 서연이가 양말을 바구니에 던진다. 양말 농구 놀이가 시작되었다. 그 이후로도 양말을 가지고 축구도 하고 골프도 하다가 누가 먼저 양말을 신는지 시합하자고 제안했다. 일부러 양말을 뒤집어서도 신고 뒤꿈치 부분이 위로 올라가게도 신었다. 서연이는 엄격한 심판이 되어 땡 탈락을 외치며 예쁘게 양말 신은 발을 자랑했다. 엄지손가락 들어 보여준 후 이번엔 양말 벗기 놀이로 이어진다. 손을 사용해서는 안 된다고 규칙을 더하니 발가락을 꼬물꼬물하며 양말을 벗는 모양새가 웃기다.

마무리는 서연이가 가장 좋아하는 양말 가지고 오기다. 똑같은 수의 양말을 거실 매트 양쪽 끝에 수북이 쌓아놓고 시작을 외치면 얼른 서로의 집으로 가 양말을 가지고 와서 자기 집에 양말을 채우는 간단한 놀이다. 오고 갈 때마다 서연이는 양손 가득 양말을 집어 들고는 신이 나서 내달린다. 결말은 이미 정해져 있다. 서연이의 승리! 좁은 매트 위에서 하는 놀이임에도 몇 번 반복하다 보면 땀이 흠뻑 나 자연스레 목욕 시간으로 이어진다. 별다른 준비도,

뒤치다꺼리할 것도 없었다. 양말 하나 가지고 이래저래 잘 놀았다.

"양말 하나 가지고 어떻게 놀까?"

"매일 똑같은 방법의 숨바꼭질, 오늘은 어떻게 다르게 할까?"

아이가 놀이를 고민할 수 있도록 기회를 주자. 하나의 놀잇감을 열 가지 방법으로 가지고 놀다 보면 자연스레 여러 갈래로 뻗어가는 사고의 확장을 경험할 수 있다.

tip
이렇게 아이의 몰입을 도와주세요

"엄마! 그림 그리고 싶어요."

한껏 격양된 목소리로 말하는 서연이의 손에는 서랍 깊숙이 숨겨 두었던 물감이 들려있었다. 곰곰이 생각하더니 어딘가에서 스케치북과 붓을 추가로 꺼내왔다.

"엄마, 물도 좀 있어야 하지 않을까요?"

"그렇네. 여기에 서연이가 물 좀 담아올래?"

"바닥에 물감 흘렸는데 어떻게 해요?"

"닦으면 되지 뭐. 이걸로 닦아 봐."

아이가 주도적으로 설계하며 놀이를 이끌어갈 때 아이는 더욱 몰입하고 사고가 확장된다. 의미 있는 놀이를 위해서 부모의 개입은 최대한 줄이도록 한다.

꼭 이겨야만 하는 아이는
어떻게 하면 좋을까

"누가 먼저 정리하나 시합하자."

"누가 먼저 깨끗이 씻나, 준비 출발!"

안 그러려고 해도 자꾸 경쟁을 강조한다. 학교에서는 경쟁하기보다 협력하는 방법에 대한 배움을 강조하면서 집에서는 자꾸 경쟁을 부추기니, 말하면서도 마음에 걸린다. 하지만 이 말에는 정리안 하겠다, 씻지 않겠다 널브러져 꿈쩍도 안 하는 아이를 움직이게 하는 마법의 힘이 있으니 이를 포기하기도 쉽지 않다.

물론 경쟁이 백해무익한 것은 아니다. 경쟁하다 보면 이기고 싶으니까 스스로 노력하게 되고 점점 더 잘하게 되는 좋은 촉진제가 되기도 한다. 게다가 아이들은 경쟁을 통해 승부를 겨루는 놀이를 참 좋아한다. 이길지 질지 예측할 수 없이 흘러가는 놀이의 흐름이 심장 쫄깃한 재미를 선사하나 보다. 게다가 이기면 뛸듯이 기쁘다. 하지만 패배는 감당하기 어렵다. 서연이도 놀이에서 지면 속상해서 눈물, 콧물 다 쏟아낸다. 그러다 보니 나는 대부분 지는 쪽을 선택한다. 하지만 남편은 봐주지 않는다. 남편에게 승부가 기울면 흥겨웠던 놀이는 사라지고 아이의 눈물과 투정만 남는다. 그냥 져주라는 나의 소곤거림도 소용없다. 남편은 아이의 사회성을 걱정하며 이길 수도 있고 질 수도 있다는 것을 알아야 한다면서 기어코 이기고야 만다.

승부에 쿨해지는
나이는 없다

도대체 몇 살이 되면 승부를 받아들일 수 있는 것일까? 초등학생이 되면 승부에 쿨해질 수 있을까? 초등학교 체육 시간은 학생들이 제일 좋아하는 시간이다. 여러 수업 중에서 학생들은 특히 팀을 나누어 시합하는 '경쟁' 단원의 수업을 좋아한다. 시합을 하기 전, 기본 동작을 배우는 수업에서도 학생들은 언제 경기하느냐며 시합하는 날을 손꼽아 기다린다. 다른 반과 반별 대항전을 펼치기라도 하면 학생들은 열을 올리며 작전을 세우고, 강당이 떠나가라 목청껏 응원한다. 그러다 승부에서 지면 학생들은 분명 신이 나서 체육 수업에 참여했음에도 불구하고 하나도 재미없었다고 투덜댄다. 풀 죽은 학생들에게 항상 이길 수는 없는 것이며, 이번에 졌으니 다음에는 좀 더 노력해서 이기도록 해보자 다독여도 소용없다. 이미 마음속에는 졌다는 속상함만이 가득하다. 초등학교 학생들도 그렇다.

어른들도 지인들과 골프, 볼링, 노래방 등에 갔을 때 점수가 상대보다 좋지 않으면 기분이 영 별로다. 세상일에 정신을 빼앗겨 판단을 흐리는 일이 없는 나이라는 불혹不惑을 넘어서도 승부에서 초연해지기는 어려운가 보다. 경로당에서 재미 삼아 동네 어르신들이 치던 고스톱. 분명 시작할 땐 가벼운 마음이었겠지만 점점 언성이 높아지고 급기야 돈이라도 잃으면 소란스럽다. 이순耳順이 넘어서도 초연해지기 어려운 승부를 고작 대여섯 살 아이에게 받아들이라니, 그것은 애초에 가능한 일이 아니다. 아이가 졌다고 속상해하는 것이 당연하다. 이기고 싶은 것은 인간의 본능이기 때문이다. 그렇다고 졌다고 울며 발버둥을 치는 아이를 이대로 둘 수만은 없는 노릇이다.

가위바위보는 준비물도 없고 간단하면서도 재미있으니 자주
하는 놀이다. 서연이는 처음엔 이기고 지는 규칙을 이해하지 못했
다. 그냥 아무것이나 내고 져도 이겼다며 좋아했다. 그러다 이기고
지는 규칙을 이해하기 시작했다. 흥미진진한 가위바위보의 세계
에 들어선 것이다.

"엄마는 뭐 낼 거야?"

주먹을 낼 것이란 말에 서연이는 자신 있게 보자기를 내민다.
그리고 이내 또 무엇을 낼 것인지를 묻는다. 이번엔 가위를 낼 것
이라고 하며 다 들리는 혼잣말로 "내가 가위를 내면 서연이가 주
먹을 내겠지? 그럼 나는 보자기를 내서 이겨야겠다"라고 말했다.
서연이는 내 마음을 다 읽었다는 듯이 키득대다 힘차게 가위를 내
민다. 나의 수를 읽힐 줄은 몰랐다는 듯이 깜짝 놀라는 시늉을 했
다. 그러다 세 번쯤 서연이가 이겼을 무렵 이번에는 내가 이겼다.
서연이의 눈빛이 흔들리며 얼굴이 일그러지려는 순간, 황급히 말
했다.

"3대 1!"

서연이는 이게 무슨 상황인가 두 눈동자를 굴리며 잠시 생각에
빠진다.

"그래서 내가 이긴 거야? 진 거야?"

이번에 엄마가 이기기는 했지만, 앞서 서연이가 세 번을 이겼으니 서연이가 3이고 엄마가 1이라고 설명을 덧붙였다. 그래서 누가 이긴 것이냐고 재차 묻는다. 서연이 3, 엄마 1로 서연이가 이기고 있다고 하니 여전히 자기가 이기고 있음을 확인한 서연이는 다시 마음이 편안해졌다.

놀이에서 이기다 보면 신이 나서, 지는 것에도 마음이 좀 더 너그러워진다. 그럴 때 조심스럽게 지는 경험 살짝 더해보자. 그날의 가위바위보도 결과적으로는 서연이가 이겼다. 하지만 과정에서 서연이는 지는 상황을 경험했다. 그거면 됐다. 그렇게 천천히 다가가다 보니 서연이도 무조건 이기려고만 하지 않고 승부에 좀 더 마음이 너그러워졌다.

소아청소년정신과 전문의 오은영 박사는 놀이의 가장 중요한 규칙으로 '이겨도 져도 즐거울 것'을 강조하며 경쟁을 해서 이기는 것보다 '즐거움'을 느끼게 해야 한다고 말했다. 그러면서 공정한 승부는 운동을 통해서 나 자신과 하도록 교육하라 제안했다. 예를 들어 달리기 시합을 했을 때 등수가 아닌 지난번에 20초였다면 이번에는 더 빨리 뛰어서 19초를 목표로 삼는 것이다. 성장을 자극하는 촉매의 역할로 자신과 경쟁하도록 하는 것에 고개가 끄덕여졌다.

어느 날은 서연이의 사촌인 지효와 함께 어린이 복합문화시설에서 클라이밍 놀이를 했다. 서연이가 자신보다 빠른 언니를 절대 이길 수 없다는 현실을 직면하고는 눈물을 쏟으려 할 때, 타이머를 꺼내 들었다.

"지효는 기록이 50초, 서연이는 1분 15초네. 자, 이제 자기 기록보다 빨리 통과하는 것에 도전해보는 것은 어때?"

지효와 서연이는 서너 번을 연달아 뛰어대며 자기의 기록에 도전했다. 점차 단축되는 자신의 기록에 모두 신이 나서는 한 번 더 도전하겠다고 외쳐댔다.

"이번에는 지효와 서연이가 힘을 합해서 함께 통과해볼까?"

서연이에게 주어진 시간은 1분이었다. 지효는 서연이에게 어느 길이 빠른지를 알려주었고, 서연이는 지효를 따라 몸을 잽싸게 움직였다. 마지막 지점에 도착했을 때 기록은 45초였다. 이길 수 없는 상대에 대한 경쟁심으로 속상해하던 서연이는 자신과의 경쟁을 거쳐 함께 협력하는 과정을 경험했으며, 그 과정에서 모두가 만족스러워하며 웃었다.

"우리 애는 왜 이렇게 이기는 데 집착하는지 모르겠어요. 지기라도 하면 난리 나요."

"우리 애는 욕심이 없어서 다 양보하는데, 자기 것 좀 챙겼으면 좋겠어요."

이래도 걱정, 저래도 걱정이다. 분명한 것은 성장의 과정이다. 놀다 보면 점차 스스로 길을 찾아가니 강요하지 않는 부드러운 자극으로 아이를 도와주자.

아이와 달리기 시합을 했다. 매번 져주던 엄마가 앞서기 시작하니 서연이는 그 자리에서 멈춘 채 울며 떼를 썼다. 경쟁에서 이기고 싶은 것은 인간의 본능이기에 졌다고 속상해하며 우는 것은 당연하다. 강요하지 않는 부드러운 자극으로 지는 경험을 살짝 더해보자.

앞질러서 갈 수 있음에 대해 알려주었다. 역전의 기쁨을 한 번 경험한 후로 서연이는 처음에 뒤처진다고 포기하지 않았다. 온 힘을 다해 최선을 다하면 결과는 언제든 뒤집을 수 있다는 걸 배웠다. 초기에는 앞지르기까지 걸리는 시간을 아주 짧게 주다가 조금씩 그 간격을 늘려보자. 결승선을 코앞에 두고 앞지르기로 승리할 때의 기쁨은 짜릿한 순간이 되어 아이의 기억에 남는다.

모래가
아이에게 주는 것

"발뒤꿈치 들고 다녀."

서연이가 흥에 겨워 신나게 내달리려다 멈칫한다. 미안하지만 아랫집에서는 소음에 시달릴 것이니 어쩔 수 없다. 걸으라 하고, 되도록 앉아서 놀라고 하니 아이의 대근육은 발달될 틈이 없다. 여지없이 영유아 건강 검진에서 대근육 발달이 다소 느리다는 이야기를 들었다. 움직이는 만큼 신체 기능이 향상될 터인데, 기회를 충분히 주지 못한 것 같아 속상했다.

서연이와 함께 이른 저녁을 먹고 마음껏 뛰어도 좋을 공간을 찾아 밖으로 나갔다. 자연스레 발걸음은 놀이터로 향했다. 한여름의 해는 여전히 밝았고 놀이터에는 하원길에 들른 꼬마 손님들로 북적였다. 킥보드를 타며 신나게 놀이터에 들어서던 서연이는 잠시 속도를 늦추며 놀이터를 한번 쭉 훑어본다. 시선이 놀이터 반대편 입구에 닿았다. 아파트 보도블록 공사를 위해 한껏 쌓아놓은 모래가 있었고, 이미 몇 명의 아이들이 자리를 잡고 앉아 모래를 헤집으며 놀고 있었다. 예쁜 색과 흥미진진한 놀이 기구를 뒤로하고 서연이는 그곳으로 가서 마찬가지로 한 자리 차지하고 앉았다. 바닥에 털썩 주저앉아 모래를 한 움큼 쥐어보며 손가락 사이로 빠져나가는 모래를 한참 동안 바라봤다. 모래를 쌓아보기도 하고 손을 펼쳐 흩트리며 나름의 모양을 만든다. 서연이가 더 많은 모래를 한껏 끌어온다. 그러다 보니 옆에 앉은 아이는 모래가 부족해 울상이다. 모래를 나누기도 하고 다른 모래 더미에서 가지고 오며 자연스레 대화도 오간다. 한여름의 해가 뉘엿뉘엿 지고 어느새 어두워지기 시작할 때까지 모래와 함께 한참을 놀았다.

다음 날에도 서연이는 하원을 하자마자 놀이터를 찾았다. 그다지 놀이터를 즐겨 찾는 아이가 아닌데, 이미 서연이는 놀이터를 향해 저만치 앞서가고 있었다. 신이 나 놀이터를 향하던 서연이의 발걸음이 이내 느려진다. 모래가 사라진 것이다. 모래도, 모래 놀이를 하던 아이들도 보이지 않는다. 낮에 아파트 보도블록 공사를 모두 마치고 정리까지 해낸 모양이다. 아쉬운 마음에 괜스레 놀이터 주변만 빙글빙글 돌다 그냥 집으로 발걸음을 돌렸다.

도시에서 보기 힘든
모래에 대한 아쉬움

놀이터의 바닥이 알록달록한 탄성 고무 매트로 바뀌며 이제는 도시에서 모래를 보기가 쉽지 않다. 그러다 보니 모래 놀이를 하려면 실내용으로 가공된 인공 모래를 사거나 차를 타고 바닷가까지 가야 한다. 자연물과 놀아보지 않은 아이들에게 모래 놀이는 낯설기만 하고, 휘적대는 것 그 이상의 놀이로 이어지지 못하니 안타깝다.

놀이터에 모래가 아닌 탄성 고무 매트가 시공되는 데는 나름의 합리적인 이유가 있다. 여러 가지 색깔의 탄성 고무 매트는 일단 보기에 좋고 충격을 흡수해주니 안전하다. 관리하기도 편하다. 하지만 여름에는 바닥 표면의 온도 상승으로 인해 화상의 위험이 있고, 고무 냄새가 발생하기도 한다. 수명이 짧아 주기적으로 교체해야 하기에 관리 비용이 많이 든다. 만약 탄성 고무 매트에 유리 조각 혹은 돌멩이라도 떨어져 있으면 매우 위험하다. 반면 놀이터 바닥이 모래라면 유리 조각이 모래 속으로 빠져 아무 일도 일어나지 않는다. 모래 놀이터를 반대하는 이유는 바람이 불면 모래가 날리고 길고양이의 배설물 및 불순물 등으로 인해 비위생적이라는 것뿐이다. 하지만 모래는 깨끗한 물로 언제든지 씻을 수 있기에 위생상의 문제는 전혀 없다. 길고양이의 배설물이나 모래가 바람에 날리는 것이 걱정이라면 덮개를 이용하면 간단하다.

초등학교 1학년 담임일 때다. 교육과정에 흙 놀이하는 부분이 있어 학생들과 함께 교실 밖으로 나갔다. 모래 장난감을 잔뜩 챙겨 들고서 신나게 놀자는 마음으로 출발했으나 아이들의 반응은 예상 밖이었다. 손으로 모래를 쓱쓱 문지르기만 하는 아이들이 대부분이었고, 심지어 어떤 아이는 아주 더럽다는 듯이 손과 신발에 흙을 묻히지 않으려 애쓰고 있었다. 안 되겠다 싶어 두 팔을 걷고 모래 놀이 대장이 되었다.

"자, 여기부터 길을 만드는 거야! 함께 힘을 모으자! 수돗가에 가서 양동이에 물을 길어 올래? 여기에 물을 부으면 물길이 지나간다! 물길 위에 다리 만드는 것은 어때? 두껍아, 두껍아 헌 집 줄게 새집 다오. 선생님 집 완성이다!"

허리가 아플수록 일부러 목소리의 톤을 한껏 높였다. 과장된 추임새가 더해지니 아이들도 덩달아 신이 나는 모양이다. 그제야 아이들은 옷소매를 걷어 올리고 신나게 땅을 파기 시작했다. 목소리도 한껏 커졌다. 그저 모래이기만 했던 곳에 의미가 더해지며 우리만의 마을이 만들어지고 있었다.

편해문 놀이터 디자이너는 부모와 아이들에게 어떤 놀이터 바닥 소재가 좋을지 물어보았다고 한다. 그 결과 아이들은 흙을 만지고 모래 놀이가 가능한 모래 바닥을 가장 좋아했다. 모래는 자연물로 형태가 정형화되어 있지 않다. 아이들이 무엇이든 만들 수 있는 모래를 가장 원했다는 건 본능적으로 진짜 놀이를 구별한 것이다.

모래 같은 자연물은 장난감과 달리 날마다 새롭고 가장 변화무쌍한 소재로 창의성을 자극하는 훌륭한 놀잇감이다. 그러니 흙을 더럽다고 생각하지 말자. 우리 아이들이 흙냄새 물씬 풍기는 곳에서 땀을 뻘뻘 흘리며 신나게 놀았으면 좋겠다. '흙은 지지야!'라고 가르치지 않으면 좋겠다. 모래 위에서 온몸으로 놀고 있는 아이에게 '괜찮아, 옷은 빨면 되니까!'라고 아무렇지 않게 말하기를 바란다. 어렸을 때 우리가 그랬던 것처럼 옷은 툭툭 털면 그만이고 집으로 돌아와 깨끗하게 빨면 문제없다. 설령 지워지지 않는 흔적이 남아도 괜찮다. 아이가 놀이에 몰입하는 그 순간보다 더 소중한 것은 없다. '이를 어째!' 하는 눈빛은 거두고 마음껏 놀면 그것으로 충분하다는 따뜻한 지지를 아이에게 보내자.

tip
이렇게 아이의 몰입을 도와주세요

다양한 만들기 키트가 시중에 판매되고 있다. 딱 필요한 만큼의 재료가 개별 포장되어 있어 재료들을 따로 구입하지 않아도 되니 참 편리하다. 반면 그러다 보니 누가 만들어도 결과물이 거기서 거기다. 개성이 없다는 뜻이다. 조작 활동에는 도움이 될지 몰라도 창의성이 끼어들 틈이 없다. 그런 면에서 형태가 정형화되어 있지 않은 자연물은 변화무쌍하기에 창의성을 자극하는 매우 훌륭한 놀잇감이다. 의미를 부여하기에 따라 무엇이든 될 수 있으니 아이들은 별것 아닌 것처럼 보이는 모래 놀이에 푹 빠져 시간의 흐름을 잊는다. 몰입이다. 그러니 흙냄새 물씬 풍기는 곳에서 땀을 뻘뻘 흘리며 마음껏 놀 수 있도록 하자. 자유로이 펼쳐지는 단순한 놀이 속에서 아이들은 더욱 복잡하고 차원이 높은 사고로 빠져든다.

아이에게 운동장은
최고의 몰입 공간

어린 시절 나는 종일 놀았다. 집 가까이에 있는 초등학교 운동장에서 모래를 헤집으며 놀았고, 또래 친구들과 고무줄 놀이, 얼음 땡, 발짝 뛰기 등을 하며 시간 가는 줄 모르고 놀았다. 학교 운동장 바닥에 털썩 주저앉아 나뭇가지로 혹은 손가락으로 내 이름, 친구 이름 적어가며 글자를 익혔고, 친구들과 도란도란 소꿉놀이를 즐겼다. 모래를 잔뜩 쌓아올리고 제일 높은 곳에 나뭇가지 하나 꽂은 후 우리끼리 정한 순서에 따라 모래를 한 움큼씩 가져가다 나뭇가지가 쓰러지면 소리를 지르며 좋아했다. 그러다가 신발을 옆으로 세워 바닥에 쓱쓱 그림을 그리면 운동장은 아기 사방 놀이터가 되기도 하고 달팽이 놀이터가 되기도 했다. 운동장에서는 우리가 하고 싶은 놀이 공간쯤은 얼마든지 만들 수 있었다.

뇌과학자 정재승 박사는《열두 발자국》에서 아이들을 더욱 창의적으로 만드는 건 장난감 없이 자기네들끼리 놀면서 스스로 장난감을 만들 때이며, 바로 그 순간 아이들의 뇌가 훨씬 더 발달한다고 말한다. 아이는 노는 동안 완전한 몰입을 경험하며, 이때 창의적인 아이디어가 나오고 혁신의 실마리를 얻을 수 있다는 것이다. 아무것도 없는 곳에서 놀이가 시작될 때 창의력은 향상된다. 볼품없는 흙 위에 주저앉아 내 멋대로 놀이를 그려나가다 보면 그날의 날씨, 기분, 함께 놀이하는 친구들 등에 따라 변화무쌍한 놀이가 펼쳐진다. 아무런 장난감 없이도 시간은 잘도 흐르고, 놀이 후에는 옷에 묻은 흙을 손으로 툭툭 털면 그만이다.

가깝고도
먼 운동장

그러나 대부분의 학교는 운동장으로의 접근성이 매우 떨어진다. 복도를 지나고 계단을 내려와 현관을 통과한 후 신발을 갈아신고 운동장으로 가서 신나게 놀고 다시 교실로 돌아오기에는

10분의 쉬는 시간이 터무니없이 짧기만 하다. 그러다 보니 자연스레 운동장은 체육 시간이 아니면 일부러 찾기가 쉽지 않다.

일본 도쿄도 다치카와시에 자리한 후지 유치원은 가운데 마당을 품고 있는 원형 건축으로 유명하다. 마치 도넛을 연상케 하는 이 유치원은 전체가 나지막한 단층 구조로 되어 있다. 그러다 보니 어느 교실에서든 가운데 마당과 바로 접해 있어 원한다면 언제든 마당으로 나가 뛰어놀 수 있다. 마당에는 옥상으로 이어지는 계단이 있는데 옥상 역시 아이들이 마음껏 뛰어놀 수 있도록 설계되어 있다. 게다가 원형 구조이다 보니 어디가 시작이고 어디가 끝인지에 대한 구분이 없다. 원하는 곳에서 출발해 원하는 만큼 신나게 내달릴 수 있다. 후지 유치원의 아이들은 마음껏 원 없이 신체 활동을 한다.

우리나라에도 후지 유치원 같은 곳 없을까 찾다가 문득 오래전 방문했던 남한산 초등학교가 떠올랐다. 모든 교실이 1층에 있는 남한산 초등학교에서는 교실 한쪽으로 난 문에서 신발을 갈아신으면 바로 운동장으로 나갈 수 있었다. 교실에서 운동장까지의 최단 거리 동선이 아이들에게도 인기였던지 운동장으로 향하는 문 앞에는 아이들의 신발이 어지러이 놓여 있었다. 정리되지 않은 그 모습마저 정겨워 슬며시 미소 지었다.

유현준 건축가는 아이들이 밖으로 쉽게 나갈 수 있도록 나지막

한 건물이 여러 동 있고, 그 사이 사이에 야외 공간이 만들어져야 한다고 강조했다. 축구를 좋아하는 외향적인 아이들이 운동장을 독점하는 것이 아니라 성향과 행동에 맞는 다양한 외부 공간을 누릴 수 있도록 배려한다는 점에서 매우 참신한 아이디어라는 생각이 들었다. 하지만 현실을 고려했을 때 단층으로 학교 건물을 짓는 건 사실상 불가능하다. 지금의 학교들은 부지를 확보하는 데 어려움이 있어 운동장은 좁아지고, 아주 드물게 운동장이 없는 학교도 생겼다. 어쩔 수 없는 현실적인 어려움에도 부디 학교 건축에 운동장으로의 동선이 반영되길 바란다. 운동장으로 쉽게 나가서 즐길 수 있는 물리적인 환경이 조성되어 운동장이 북적이면 좋겠다.

움직임이
학습의 몰입을 돕는다

종일 실내에서 머무는 학생들이 안타까워 점심 식사 후 매일 학생들과 운동장으로 갔다. 여기에서 저기로 뛰기만 해도 즐거워하던 학생들은 점차 그들의 방식으로 놀이를 즐겼다. 무엇보다 가장 인기가 있었던 것은 가을날 운동장 가득 떨어져 있던 낙엽이었다. 학생들은 낙엽을 모아다 서로에게 던지며 낙엽 눈싸움을 즐겼고, 드문드문 떨어져있는 낙엽을 징검다리 삼아 건넜다. 바람이 불 때마다 나뭇가지에 달랑달랑 매달려 흔들리던 나뭇잎은 비가 되어 내렸고, 학생들은 떨어지는 낙엽을 잡아보겠다며 소란을 피웠다. 운동장에서 내가 하고 싶은 놀이를 나의 의지에 따라 이어가니 자연스레 시간의 흐름을 잊게 된다. 바로 몰입이다. 이러한 몰입의 경험은 학습에서도 여지없이 힘을 발휘한다.《아이들을 놀게 하라》는 아이들의 몸, 두뇌, 마음을 성장시키는 놀이의 중요성을 강조하며 핀란드의 자유로운 놀이 시간을 소개하고 있다. 핀란드의 학생들은 매일 매시간 15분씩 자유로운 놀이 시간을 갖는데, 날씨가 아무리 추워도, 비가 와도, 심지어 기온이 영하 15도까지 떨어져도 밖에 나가서 논다는 것이다. 아이들의 뇌는 움직일 때 더 잘 작동하기 때문에 실컷 움직이고 나면 수업 시간에 더 잘 집중할 수 있다고 한다.

제주도로 여행을 갔을 때의 일이다. 몇 군데의 관광지를 둘러보고선 어디 갈까 고민하다 관광객이 즐겨 찾는다는 더럭분교를 방문했다. 어른들은 알록달록한 학교 건물을 배경으로 사진찍기에 바빴지만, 아이들은 학교 운동장과 놀이터에서 노느라 정신이 없었다. 학교를 가장 제대로 즐기고 있는 것은 바로 아이들이었으며, 흥에 겨워 노는 아이들을 바라보는 엄마들은 모두 미소 짓고 있었다.

잠깐의 틈 동안 아이들에게 패드나 휴대폰을 주는 것에서 벗어나 가까이에 있는 운동장으로 가자. 무료로 즐길 수 있는 아주 멋진 운동장이 가까이에 있으니 운동장에서 제멋대로 놀이할 시간을 허락하길 바란다. 학생들이 하교하고 난 시간, 빈 교실에서 운동장을 내려다본다. 운동장이 비었다. 누가 왔으면 좋겠다.

tip
이렇게 아이의 몰입을 도와주세요

움직임은 아이들의 뇌를 더욱 자극한다. 아이들이 마음껏 뛰어도 괜찮은 운동장은 그런 면에서 놀이 공간 이상의 의미가 있다. 공부할 시간도 없는데 뛰어놀기만 해서 어떻게 하느냐는 걱정은 고이 접어두고 아무것도 없는 운동장에서 아이들이 스스로 놀이를 펼쳐갈 수 있도록 응원하자. 초등학교마다 외부인 출입이 가능한 곳과 안전상의 이유로 개방하지 않는 곳도 있다. 출입이 가능하더라도 출입 가능 시간대가 따로 있을 수 있으니 주변에 초등학교가 있다면 미리 확인 후 방문하는 것이 좋겠다.

이상적인 놀이 공간은
자연이다

　세계적인 놀이터 디자이너 귄터 벨치히Gunter Beltzig는《놀이터 생각》이라는 책에서 어른들이 계획한 멋지고 아름다운 놀이터는 어른들이 보기에 좋을 뿐이라고 비평하며 이상적인 놀이터는 손대지 않은 야생이라 말하고 있다. 또한 리처드 루브Richard Louv도《자연에서 멀어진 아이들》에서 10세 이하의 아이들은 하루에 최소 4시간 이상 자연환경이 있는 야외에서 놀아야 한다고 말하고 있다. 그런 면에서 아이들에게 가장 적합한 공간은 바로 숲이다.

　국립산림과학원에서 발간한 〈숲, 사람을 키우다〉 자료집에 따르면 숲을 통해 아이들은 자연과 친해지고 심리적 안정을 얻을 수 있었다. 유아들이 8개월간 매주 정기적으로 유아숲체험원에서 진행된 숲 체험 프로그램에 참여한 결과, 정서 지능 11.4%, 놀이성 17.4%가 증가했다. 이는 유아가 스스로의 감정을 조절하고 타인을 존중하는 배려심이 높아지는 것을 의미한다.

〈숲에서의 자연친화적 탐구활동이 유아의 창의성에 미치는 영향〉에서 만 4세 40명을 대상으로 17주에 걸쳐 주 5회 총 80회의 숲 활동을 실시한 결과 창의성과 독창성의 발달에 긍정적인 영향을 미치는 것으로 나타났다. 특히 창의성 가운데 여러 가지 관점이나 해결안을 빠르게 많이 떠올리는 능력인 유창성은 35.5%나 향상하며 큰 차이를 보였다.

〈숲 체험활동이 유아의 자아개념 발달에 미치는 영향〉 연구 결과에서도 마찬가지였다. 만 5세 아동 31명을 대상으로 9주 동안 주2~3회 한 시간 이상 숲 체험활동을 실시한 결과 유아의 인지적IQ, 정서적EQ, 사회적SQ 자아 개념이 모두 증가했다. 자연환경(곤충, 식물, 나무, 주변 환경 등)에 대한 유아들의 단순한 호기심이 자연 탐색을 통해 자연 동화와 숲의 보존 의식으로까지 발전했기 때문이다. 또한 개인 놀이에서 점차 여럿이 협력하는 놀이로 발전되는 과정 중에 서로 간에 신뢰감과 소속감, 자신감이 확립되며 유아들 사이에 부정적인 감정이 해소되는 효과가 있었다.

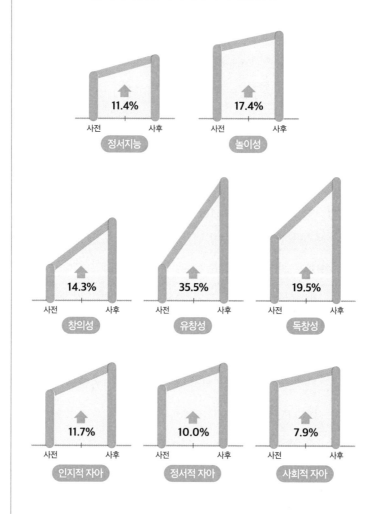

숲에서의 활동이 아이에게 미치는 영향

정서지능 11.4%
놀이성 17.4%
창의성 14.3%
유창성 35.5%
독창성 19.5%
인지적 자아 11.7%
정서적 자아 10.0%
사회적 자아 7.9%

○ 숲 체험은 유아의 원만한 인간관계 능력과 놀이에 자발적으로 참여하는 태도를
   길러주고, 창의성, 집중력, 탐구 능력을 향상시킨다.

숲에서
놀기 좋은 나라

서연이와 함께 마음껏 뛰어놀 수 있는 공간을 찾아 숲으로 갔다. 때로는 단단한 돌이 앞을 가로막고 나무뿌리가 계단이 되기도 하는 길을 함께 걸었다. 조심스럽기만 하던 서연이의 움직임은 한층 과감해졌다. 성큼성큼 산을 오르고 두려워하지 않으며 스스로 길을 살폈다. 가지고 놀 것이 아무것도 없는 것 같은 숲속에서 놀잇감도 알아서 찾고, 솔방울과 솔잎들을 모아다 둥지를 만들었다. 작고 긴 나뭇가지는 마이크라 하고, 한쪽이 삐쭉삐쭉한 모양의 그루터기는 부서진 과자라며 숨은그림을 찾았다. 움직임의 제약이 없고 마음껏 상상할 수 있는 곳에서, 움직이는 만큼 서연이의 몸과 사고의 근육은 충실히 발달했다.

중국 톈진 도심 가운데에는 야트막한 산이 하나 있다. 찌아산이라고 부르는데, 가짜 산이라는 뜻이다. 없는 산을 만들어서라도 초록을 즐기고 싶은 사람들의 마음이 얼마나 간절했으면 가짜 산을 만들었을까 싶다. 산 귀한 줄 모르고 살던 나에게는 참으로 기이한 경험이 아닐 수 없었다. 우리나라는 국토의 70%가 산지인 덕에 고개만 돌리면 바로 그곳에 산이 있기 때문이다. 주변을 둘러보면 가까운 곳에 산이 참 많은데, 우리나라 사람들은 숲이 멀리 있어서 가기 쉽지 않다고 한다.

원 없이 노는 것이 곧 몰입이다   73

자연에서 내 아이가 원 없이 뛰어놀 수 있기를 바라는 마음으로 비가 오나 눈이 오나 매일 숲으로 간다는 숲 유치원에 보냈다. 숲은 날씨에 따라 변화무쌍하다. 그곳에서 그날의 기분, 함께 놀이하는 친구 등에 따라 제멋대로인 놀이가 펼쳐진다. 꽃, 나뭇잎, 나뭇가지 모든 자연물은 놀잇감이 된다. 지렁이를 찾겠다고 땅을 여기저기 파헤치기도 하고 줄을 타고 악착같이 산을 타고 오르기도 한다. 산기슭에서 나뭇잎을 미끄럼틀 삼아 놀고 온 날에는 엉덩이에 그 흔적이 고스란히 남아 있어 보는 순간 웃음이 터져 나왔다. 사계절의 흐름 속에 온몸으로 놀다 보니 얼굴은 언제나 새까맣다.

"오늘 미세먼지가 심각하니 바깥 활동은 자제하도록 하세요."

아이들의 탄식이 터져 나온다. 날로 극심해지는 미세먼지로 인해 바깥 활동을 제한할 수밖에 없으니 어쩔 수 없다는 것을 아이들도 이해하면서도 아쉬움은 감출 수가 없다. 미세먼지 문제를 해결하고자 여러 대책이 수립되는 가운데, 미세먼지 저감 대응과 관련해 도심 숲이 재조명되고 있다. 산림청 국립산림과학원의 연구 결과에 따르면 미세먼지 고농도 시기에 숲체원의 평균 미세먼지 농도는 도심보다 미세먼지, 초미세먼지 농도가 각각 10%, 22% 낮음을 보였다. 수목의 잎, 줄기, 가지를 통한 미세먼지 흡수 및 흡착, 차단, 침강의 영향 덕분이다. **숲이야말로 아이들에게 가장 건강한 놀이터다.**

우리 아이들이 나무 냄새 물씬 풍기는 곳에서 땀을 뻘뻘 흘리며 신나게 놀았으면 좋겠다. 공기청정기 필터를 거친 공기가 아니라 초록 나무가 뿜어내는 피톤치드 가득한 자연 그대로의 공기를 마음껏 들이켜길 바란다. 옷에 흙이 묻었다면 툭툭 털고 일어나면 그만이고 깨끗하게 빨면 된다. 그래도 안 되면 푹푹 삶으면 된다. 혹여 지저분하게 흔적을 남기더라도 괜찮다. 아이가 만든 디자인이다.

아랫집에 피해가 갈까 봐 뒤꿈치 들고 걸으라 잔소리하지 않아도 되는 곳, 마음껏 뛰어놀아도 되는 그곳에서 사계절의 변화를 온몸으로 느끼다 보면 저절로 자랄 터이다.

tip
이렇게 아이의 몰입을 도와주세요

숲은 아이들에게 가장 건강한 놀이터다. 하지만 사람들은 숲이 너무 멀어 가기 쉽지 않다고 말한다. 주변을 둘러보면 생각보다 우리 가까이에 언제든 갈 만한 숲이 있다. 도심 속 공원, 숲체원, 자연휴양림, 유아 숲 체험 프로그램 등 아이들에게 숲에서의 놀이를 제공할 통로는 얼마든지 있으니 중요한 것은 마음이다.

부모에겐 위험이 아이에겐
모험과 도전이다

"위험하지 않나요?"

아이와 숲에서 논다고 하면 대부분의 사람이 이렇게 묻는다. 나무뿌리나 툭 튀어나온 돌멩이에 걸려 넘어지지는 않을까 걱정하고, 가파른 산등성이에서 미끄러지지는 않을까 염려한다. 하지만 〈2021년 어린이 안전사고 동향 분석〉 결과에 따르면 한국소비자원 소비자위해감시시스템ciss을 통해 접수된 2021년 어린이 안전사고 건수 15,871건 중에서 아이들이 가장 많이 다치는 곳은 바로 가정(71.1%)이었다. 대부분 시간을 집에서 보내다 보니 그럴 수 있다 싶지만, 2순위가 도로 및 인도(7.6%), 3순위가 여가문화 및 놀이시설(3.8%)로 차이가 컸다.

안전사고 열 번 중 일곱 번이 가정에서 발생하고 있지만 누구도 가정에서의 놀이가 위험하지 않냐고 걱정하지 않는다. 매의 눈으로 집안의 안전사고를 미리 방지하고자 노력할 뿐이다. 아이가 다치지 않도록 모서리와 문에는 충돌 방지 장치를 부착하고 칼 같은 위험한 물건은 아이 손이 닿지 않는 곳에 둔다. 욕실에서 미끄러질까 봐 바닥에는 미끄럼방지 스티커를 붙이기도 한다. 그리고 아이에게 끊임없이 조심해야 할 것들을 일러준다.

교실에서도 안전에 대해 수없이 강조한다. 친구의 작품을 도와주겠다며 가위를 들고 다니는 아이에게 조심해야 함을 일러주고, 급식 먹으러 갈 때 계단을 두세 개씩 내려가는 아이에게도 위험함을 알린다. 그렇다고 해서 가위를 사용하는 걸 막거나, 계단으로 내려가는 것은 위험하니 엘리베이터를 이용하라고 하지 않는다. 나를 둘러싼 세상에는 온갖 위험한 것투성이니 스스로 안전에 대해 인식할 수 있도록 한다.

나 역시 아이 앞에서는 걱정이 많은 엄마다. 서연이가 하다가 안 된다 싶으면 엄마가 해주겠다는 말이 앞선다. 가위를 주면서 혹여라도 다치지 않을까 내심 불안하다. 딱풀로는 잘 붙지 않아 글루건을 사용해야 할 때도 '엄마가 해줄게'란 말이 먼저 입 밖으로 나왔다. 그런 나와 다르게 남편은 과감하다. 서연이가 무엇을 잡든 해보라고 한다. 애초에 사용하지 못하게 할 것이 아니라 조심스럽게 사용할 수 있어야 한다는 것이 이유다.

맞다. 사실은 경험이 곧 배움이라는 것을 알고 있다. 이렇게 해보고 저렇게 해보며 손에 힘을 더 주기도 하고 힘을 빼기도 한다. 잡는 방법을 달리하기도 하고 방향을 바꿔보기도 하며 잘 할 수 있는 방법을 스스로 찾아간다. 즐거운 시행착오를 통해 몰입으로 들어서는 순간이다. 그렇게 하다 보면 손가락의 움직임은 저절로 섬세해진다.

적당한 위험은 스스로 지키는 힘을 기른다

한국 놀이시설 안전기술원장인 배송수 원장은 저서 《위험할수록 즐거워지는 놀이터》에서 놀이터에 위험이 필요하다고 주장한다. 한국 놀이시설 안전기술원장이 놀이터에 위험이 필요하다고 말하니 참으로 아이러니했다. 하지만 요즘 아이들은 부모의 통제를 벗어나서 무언가 도전하고 모험할 기회가 부족하기에 놀이터가 도전과 모험의 공간으로 통제를 벗어나는 유일한 공간이라는 말에 고개가 끄덕여졌다. 독일의 놀이터 디자이너 귄터 벨치히 역시 《놀이터 생각》이라는 책에서 좋은 놀이터는 아이들에게 어느 정도 위험을 허용해야 한다고 말한다. 이는 인식할 수 있는 위험이고, 제어할 수 있는 위험으로, 위태로워 보이는 놀이터에서 아이들은 스스로 안전을 챙기는 방법을 익힌다.

'한 칸 더 올라갈까?'

'어디를 밟고 올라가면 될까?'

'엄마에게 도와달라고 할까?'

놀이는 현실 세계를 기반으로 아이들의 상상력과 창의력이 얹어져 일정 부분 현실 세계와 대비를 이루는 현실의 모방적 재현이다. 현실이 안전해서 아이에게 위험을 경험하게 할 필요가 전혀 없다면 상관없겠지만 그렇지 않으므로 현실을 기반으로 하는 모방의 세계인 놀이를 통해 현실의 위험함을 경험할 필요가 있다. '안 돼', '위험해!', '조심해'라는 말로 위험으로부터 내 아이를 지키는 것도 중요하지만 그보다 아이 스스로 위험한 상황에서 대처할 수 있도록 힘을 길러주어야 한다. 그네는 위험하니 타지 말라 하지 않고 양옆의 줄을 꼭 잡고 타도록 일러주는 것처럼 말이다.

숲이 위험하다면 조심해야 할 것을 일러주면 된다. 오히려 아이들은 본능적으로 위험을 알아챈다. 비탈길을 내려갈 때 누가 알려주지 않아도 조심조심 몸을 움직인다. 나뭇가지가 드리운 곳을 지날 때면 알아서 몸을 숙인다. 스스로 위험을 자각하고 몸을 움직이니 안전사고가 적다. 앞서 〈2021년 어린이 안전사고 동향 분석〉에 따르면 자연 및 관련 시설에서 안전사고가 일어난 경우는 단 0.2%였다.

"나 오늘 위험한 놀이터에서 놀았어요."

서연이의 말에 깜짝 놀라 재차 물었더니 유치원에 있는 놀이터 중에서 '위험한 놀이터'라 이름 지어진 곳에서 놀았다고 했다. 처음 유치원에 방문했을 때 공사 중인가 생각했던 곳이다. 후에 그곳이 '위험한 놀이터'이고 의도적으로 설계된 곳이라는 것을 알게 되니 새로운 의미로 다가왔다.

위험한 놀이터는 단순히 놀기 위한 장소가 아니다. 위험을 경험하기 위한 장소로, 아이들은 이곳에서 스스로 안전을 지키면서 호기심과 모험심을 한껏 키워나간다. 약간 어려워 보이는 비탈길을 온 힘을 다해 올랐을 때 느껴지는 성취감은 뭐라 말로 표현하기 힘들다. 주의를 집중하지 않으면 떨어질 수 있는 외나무다리 위에서 떨어지지 않도록 균형을 잡으며 조심스레 발걸음을 딛는다. 끝까지 건너게 되면 마음 깊이 해냈다는 기쁨이 솟아오른다. 위험함이 가진 매력이다. 위험은 모험이고 도전이다. 필요한 것은 다소 위험한 신체 활동에 대한 부모의 너그러움이다.

현실을 기반으로 하는 모방의 세계인 놀이를 통해 아이들은 현실의 위험함을 경험하고 이에 대처하는 방법을 학습한다. 모험과 도전의 과정에서 아이들은 자연스레 몰입하고 성장한다. 아이들이 인식할 수 있고 제어할 수 있는 위험의 상황에서 스스로 해낼 수 있도록 기회를 주자.

위험은 현재 수준보다 약간 어려운 수준의 신체 활동을 요구하는 정도가 적당하다. 약간 어려워 보이는 비탈길, 혼자 들기에 다소 부담스러운 물건 나르기, 주의를 집중하지 않으면 떨어질 수 있는 외나무다리 건너기, 유아용으로 제작된 플라스틱 도구가 아닌 진짜 삽, 망치, 호미 등의 도구를 사용해보는 경험 등이 적절하다.

인지
몰입

주고받는 대화 속에
생각의 씨앗을 심다

인지 몰입은
질문으로 시작한다

아이가 세상에 태어나던 날, 부모는 '건강하기만 해다오'라고 말한다. 그러나 시간이 흐르면서 그 바람은 키가 컸으면 좋겠고, 운동을 잘했으면 좋겠고, 공부를 잘했으면 좋겠다는 말로 이어진다. 그렇다고 해서 이를 부모의 욕심이라 치부하고 싶지는 않다. 그 마음의 기저에는 공부를 잘해서 너의 인생이 편안했으면 좋겠다는 부모의 사랑이 담겨 있기 때문이다. 그러다 보니 해줄 수 있는 것은 무엇이든 해주고 싶다. 그 마음은 고스란히 이른 학습으로 이어진다.

육아정책연구소에서 만 20~55세 성인 3,747명을 대상으로 조사한 〈한국인의 자녀 양육관 연구〉 결과에 따르면 과반수가 초등학교 입학 이전에 한글(97.1%), 외국어(56.1%), 수리(71.5%), 예능(71%) 등을 시작해야 한다고 생각했다. 만 4세 이전에 외국어(영어)를 시작해야 한다는 의견도 25.2%로 적지 않았다. 〈한국인의 부모됨 인식과 자녀 양육관 연구〉에서도 전국의 20~50대 성인 중 1,000명을 대상으로 조사한 결과 가장 지출이 큰 항목으로 사교육비(46.3%)를 꼽았다. 좋은 부모의 우선적인 조건과 좋은 부모가 되는데 가장 걸림돌이 되는 것, 부모로서 부족하다고 느끼는 점에서 모두 경제력을 지적하고 있었다. 자녀의 사교육비에 가장 크게 지출하고 있음에도 더 해주지 못해 미안하다고 느끼는 부모의 마음이다.

하지만 자녀가 공부를 잘하길 바라는 마음에서 시작한 이른 학습이 부모의 바람대로 아이의 편안한 인생으로 연결되고 있는지는 의문이다. 교육 시민단체인 '사교육걱정없는세상'에서는 과도한 사교육으로 발달에 문제가 생기는 영유아가 늘어나고 있다고 보도했다. 일찍부터 사교육을 많이 경험한 아이들은 그렇지 않은 아이에 비해 우울증과 불안, 스트레스 증후가 나타날 확률이 높고 애착 장애와 자존감 하락 등의 심리적인 문제가 발생했다. 자녀의 인생이 편안해지길 바라는 마음에서 시작한 이른 교육이 오히려 자녀의 행복을 저해하는 것이다. 결국 먼 미래의 안녕을 위해 현재의 즐거움을 잠시 뒤로 미루자는 말인 것 같아 마음 한구석이 씁쓸하다.

아이의 답에
생각이 없어지고 있다

초등학교에 입학했을 때 미리 배운 것들이 도움이 되지 않느냐 묻는다면 당연히 그렇다. 이미 알고 있다는 자신감에 수업 시간에도 자신의 지식을 드러내고 싶어 하며 엉덩이를 들썩인다. 하지만 수업 중에 들썩이던 엉덩이가 차분해지고, 쫑알대던 입이 조용해지는 때가 있다.

"네 생각은 어때?"

이야기를 들려주고 아이의 생각을 묻는다. 시를 읽고 어떤 느낌이 드는지를 묻는다. 셈을 하고선 왜 그런 답이 나왔는지 묻는다. 수학의 방법적인 셈하기에 익숙해져 있는 아이들에게 왜 그렇게 생각하느냐는 질문은 '홍시 맛이 나서 홍시라 했는데 왜 홍시냐 물으신다면'처럼 어리둥절하다. 골똘히 생각하는 듯해도 아이들의 머릿속을 오고 가는 생각들은 대부분 정말 자신이 어떻게 생각하는지가 아니다. 선생님이 듣고 싶어 하는 정답이 무엇인지 고민한다. 혹 생각나더라도 틀렸을까 두려워 입 밖으로 꺼내기 망설인다. 꾹 다문 입술과 함께 나에게 정답을 요구하는 아이들의 눈빛만이 간절하다. 이른 학습으로 인해 벌써 정답 찾기에 익숙해졌다.

창의성과 개성이 중요한 시대에 여전히 하나의 정답을 찾는 교육에 몰두하고 있으니 참으로 안타깝다. 세상에는 정답이 없거나 하나만 있는 것이 아닌 것들도 많은데 말이다. **인지 능력이란 무언가를 분별하고 '이해'하는 능력을 말하는데, 이를 '아는 것'과 혼동하기에 일어나는 일이다.** 지금이라도 정답 찾기의 틀을 깨야 한다. 물론 기초 학력을 쌓아야 하는 아이들에게 무엇이 옳고 그른가를 가르치는 것은 분명 중요하다. 그러나 앞으로는 정답을 가르치는 교육 대신 질문이 있는 교육으로의 변화가 필요하다. "이게 뭘까?"라는 부모의 질문에 아이가 "자전거"라고 답을 하는 것과 생활 속에서 아이가 '어, 사람들이 타고 가는 저건 뭐지?' 하는 자발적인 호기심에 "저건 뭐예요?"라고 물어 부모가 "자전거란다" 하고 알려주는 것은 분명 차이가 크다.

오늘은
무슨 질문을 했니?

그렇다고 부모는 질문을 아끼고 아이가 질문할 때까지 마냥 기다리라는 것은 아니다. 소크라테스는 질문을 통해 제자들을 교육했다. 아는 것부터 시작해서 분명한 의미가 무엇인지 묻고 결론의 이유를 따져보는 과정은, 제자들의 무지를 깨닫게 했고 생각의 실마리가 되어 새로운 철학에 이르게 했다. 물론 소크라테스의 문답법이 옳다고만은 할 수 없다. 소크라테스와 같은 문답법으로 아이에게 질문을 쏟아부었다가는 아이 마음에 상처만 남길 수도 있기 때문이다. 그럼에도 소크라테스를 언급하는 이유는 예, 아니오 혹은 하나의 정답으로 이어지는 질문과 분명 다르기 때문이다. 자신의 생각을 얹어서 이렇게 혹은 저렇게 대답할 수 있는 열린 질문을 던지는 것이 중요하다. 아는지 모르는지 묻는 것은 평가이기 때문에 대화라고 보기에는 어렵다. 부모와 자녀 사이에 평가의 질문이 오가다 보면 점차 아이는 부모와 이야기하는 것이 껄끄럽다. 그러므로 단편적인 지식을 얼마나 알고 있는지 확인하는 데 중점을 두어서는 안 된다. 아이 스스로 주변을 관찰하는 눈에서 시작해서 분별하고 이해하는 인지의 과정을 통해 세상에 질문을 던지고 탐색할 수 있도록 이끌어주어야 한다. 유대인은 아이가 학교에 다녀오면 "오늘 무슨 질문을 했니?"라고 묻는다고 한다. 유대인 교육법에 가장 대표적인 하브루타Havruta도 가족이나 친구들과 함께 다양한 주제로 대화하고 토론하고 논쟁하는 것이다. 이러한 대화를 계속하다 보면 논리적으로 자연스럽게 설명하는 법을 터득하는 가운데, 이전에는 미처 생각하지 못했던 새로운 관점에 눈을 뜨기도 한다. 지금 당장 하나 더 알고, 모르는 건 중요하지 않다. 인지 발달의 시작은 질문에 있다.

엄마와 아이가 성장하는 몰입 육아 이야기

따사로운 봄날 이팝나무에 꽃이 피었다. 나무를 뒤덮을 듯 가득 피어난 하얀 이팝나무꽃을 보다가 아이에게 물었다.
"저 나무에 핀 꽃이 뭘 닮은 것 같은데. 서연이는 어떻게 생각해?"
서연이는 이팝나무꽃을 보고 하얀 눈 같다고 말했다. 실제로 이팝나무의 학명인 치오난투스 레투사 Chionanthus Retusa 는 '하얀 눈꽃'이라는 의미다.
"엄마는 저 나무를 보고 있으면 왠지 배가 부른 것 같아."
"왜요?"
"밥그릇에 소복이 담긴 흰 쌀밥 같아서."
마주 보고 키득키득 웃다가 우리끼리 나무 이름을 지어보기로 했다.
"서연이는 저 나무를 뭐라고 부르고 싶어?"
서연이 입에서 온갖 엉뚱한 이름이 다 튀어나온다. 한참을 웃었다.
"그래서 저 나무 이름이 뭐예요?"
"꽃이 밥알을 닮았다고 해서 이밥나무라고 하다가 이밥이 이팝으로 변해서…"
"이팝나무!"

2장 인지 몰입

아이의 끝없는 "왜?"를 몰입으로 바꾸는 법

옹알이하던 아이가 말문이 트이기 시작하면서 이 세상의 모든 것에는 저마다의 이름이 있다는 것을 알게 된 걸까? 손가락으로 가리키며 쉴 새 없이 묻는다.

"이거 뭐야?"

한 번 알려줬다고 아이가 단번에 알았다 하지는 않는다. 묻고 또 묻는다. 같은 말을 열 번쯤 반복하다 보면 처음의 다정한 목소리에는 점점 지친 기색이 역력하다. 하지만 여러 번 반복해서 알려주는 가운데 아이의 머릿속에서는 물건마다 제 이름을 찾아가고 사물에 대한 인지가 확고해질 것이기에, 열 번을 물어보면 열 번을 말해준다는 마음으로 충실히 대답한다.

하늘을 날아다니는 것이 새라는 것을 알게 된 아이는 까치를 보고도 새라 말하고 참새를 보고도 새라 말하며 새의 개념을 확립한다. 어느 날 하늘을 날아가는 비행기를 보았을 때도 아이는 새라고 한다. 새가 아니라 비행기라는 부모의 설명이 덧붙여지면 아이의 확고했던 인지 구조는 흔들린다.

'왜 새를 비행기라고 하지?'

아이는 털이 없고 날개가 펄럭이지 않으며 사람이 탈 수도 있는 교통수단으로서의 비행기는 새와 다르다는 것을 깨닫고 비행기라는 새로운 개념을 머릿속에 만든다.

발달심리학자인 장 피아제Jean Piage는 인간의 인지 발달을 환경과 끊임없는 상호작용을 통해 이루어지는 적응 과정으로 보았다. 그러므로 인지 발달에는 지적 성장을 자극하는 풍부한 경험이 중요하다. 피아제의 인지 발달 단계 중 만 2~7세는 전조작기로 언어를 사용하게 되면서 사건을 기억하고 표현하는 능력이 가능해진다. 구체적 조작기인 만 8~12세가 되어서야 논리적 문제 해결이 가능해지고, 고학년이 되면서 뇌의 발달이 한층 높아져 점차 형식적 사고가 가능하다. 따라서 유아에게 주어지는 풍부한 경험은 학습이 아니라 생활이 되어야 한다. 아이와 함께 시간을 보내는 부모가 아이에게는 풍부한 경험이며 끊임없는 상호작용이다.

'이거 뭐야?'의 시기가 지나면 무시무시한 '왜?'가 시작된다.

"왜 달님이 자꾸 나 따라와요?"

"왜 새는 하늘을 날아다녀요?"

"왜?"

아이들의 질문은 예측할 수 없기에 흥미진진하다. 한편으로는 그래서 진땀이 나기도 한다. 뭐라 말해야 하지? 그동안 당연하게 여겼던 것들에 대해서 왜 그러느냐는 원론적인 질문을 받고 나면 머릿속이 새하얘진다. 그렇다고 그냥 넘길 수는 없는 노릇이다. 세상을 향해 호기심을 열어가는 아이의 사고를 그대로 닫게 할 수는 없지 않은가.

"왜 그런 걸까? 서연이는 어떻게 생각해?"

아이의 사고를 자극해보자는 의도로 아이에게 되물었다.

"아이! 모르니까 물어보는 거잖아. 엄마가 대답해!"

엉뚱하게나마 "이런 게 아닐까?"라고 답하길 기대했는데, 전혀 다른 반응이 돌아와 깜짝 놀랐다. 왜인지를 되묻는 것도 가능한 때가 있구나 싶었다. 이처럼 아이의 '왜?' 질문에 대답하기 어려울 때가 아주 많다.

SBS 예능 프로그램 〈집사부일체〉에서 가수 이적이 출연했을 때가 떠올랐다. 어렸을 때 이적이 "엄마, 이게 뭐야?" 하고 물으면, 이적의 어머니는 "그건 몰라도 돼. 나중에 크면 알게 돼" 같은 말을 절대 안 했다고 한다.

"일단은 어떻게든 이야기하는 거야. 그러면 나는 못 알아듣지. 그래도 반 정도는 알아듣나? 그런데 속으로는 뿌듯한 거야. 아, 우리 엄마가 나를 큰 애 취급해주는구나."

어머니의 영향 덕분인지 이적도 자녀들의 질문에 어른끼리 이야기하듯 성실하게 답한다는 장면을 보고 옳다구나 싶었다. 어려운 걸 쉽게 설명해주도록 노력하되, 그게 잘 안되면 어려운 건 어려운 대로 설명하면 될 일이었다. 마음에 부담을 내려놓고 덤덤하게 말했다. 에둘러 포장하려 하지 않았다. 있는 그대로의 사회 모습에 대해 말하려 하고, 과학적 사실 그대로 아이에게 풀어 이야기했다. 서연이는 다소 어려울법한 이야기를 의외로 끝까지 잘 들어주었다.

여기서 끝은 아니었다. 그나마 아는 지식은 어렵게라도 설명하겠는데, 아예 설명조차 못하겠다 싶은 질문도 툭툭 튀어나온다. 언젠가는 분명히 배웠을 것이라며 머릿속을 헤집어보지만 없던 사

전지식이 생겨날 리 없다. 그럴 땐 솔직하게 고백한다.

"엄마도 그건 잘 모르겠다. 공부해서 알게 되면 서연이에게 제일 먼저 알려줄게."

책을 펼치기도 하고 손에 든 스마트폰으로 검색해본다. 때로는 이건 남편이 대답해 보라며 질문을 넘긴다. 그러다 보면 결국 어딘가에서는 실마리를 찾게 된다.

엄마도, 아이도 모르는 게 부끄럽지 않다

"모르니까 배우러 학교에 오는 것이니 잘 이해가 안 되는 부분은 당당하게 모르겠다고 하세요."

수업하다 보면 분명 잘 이해하지 못하고 있는 것 같은데 학생들은 다 안다고 말한다. 모르는 것이 부끄러운 일이 아님에도 모른다고 하면 내가 똑똑하지 못한 사람이라는 것을 들켜버린 것 같은 창피함에 무지함을 숨기는 데에 급급하다. 1970년대 발달심리학자인 존 플라벨John Flavell에 의해 만들어진 용어인 메타인지는 '자기 객관화'의 개념으로, 자신이 아는 것과 모르는 것을 정확하게 파악하는 능력이다. 이를 통해 자신의 인지 과정을 객관적으로 검토하고, 지금 수준에서 부족한 부분이나 필요로 하는 자질을 보완해 학습 효율을 높일 수 있다. 그러나 현실에서는 모르는 것을 숨기느라 자신의 부족한 부분을 파악해 채워나가는 메타인지의 과정이 생략되니 발전도 더디다.

컬럼비아대학교 바너드 칼리지 심리학 교수인 리사 손은 저서 《메타인지 학습법》에서 메타인지의 진짜 목적을 강조한다. 그 목적이란 '메타인지를 키우는 과정이 바로 배움의 과정'임을 깨닫도록 하는 것이다. 더불어 아이들에게는 반드시 '모르는 시기'가 있으므로 아이 스스로 지식을 습득해 그 시기를 헤쳐 나갈 수 있도록 도와주는 게 부모의 역할이라 이야기한다. 모르는 것을 찾아보는 것. 더할 나위 없이 훌륭한 배움이다. 아이의 질문에 이미 완벽한 척척박사가 되기보다는 함께 지식을 탐구하는 동반자로서 생각을 열어가자. 아이는 자기가 궁금해서 알고 싶었던 부분에 대해 탐구해가는 과정이 흥미진진하지 않을 수 없다. 결국 온 마음과 생각이 자연스레 모아지게 되며 몰입을 경험하게 된다.

"이건 왜 그래요?"

"왜 그런 걸까? 서연이는 어떻게 생각해?"

앞서 성실하게 답한 후에 되물으니 이제는 나름의 생각을 말한다. 적절한 표현을 떠올리며 머뭇거리기도 하지만 그렇다고 해서 아이의 말을 가로막고 대신 설명하지 않는다. 어떻게든 자기 생각을 끝까지 말할 때까지 기다려준다. 서툰 표현에 생각을 담아 설명하다 보면 명확해지기도 하고, 때로는 그 안에서 또 다른 호기심이 싹트기도 한다. 몰라도, 틀려도, 표현이 서툴러도 괜찮다. 모두가 성장의 과정이다.

끝없는 질문에 머리가 어지러운가? 질문도 뭘 알아야 할 수 있다. 주의 깊게 관찰한 대상이 '왜 그럴까' 하는 호기심이 일렁일 때 알고자 하는 지적 욕구의 표현으로 질문이 터져나온다. 질문이 곧 배움의 시작인 셈이다. 내 아이가 성장하였음에 기뻐하는 마음으로 기꺼이 대화를 나누자.
"나뭇잎이 왜 떨어져요?"
"땅이 추울까 봐 포근하게 덮어주려는 게 아닐까?"
어딘가에서 읽은 시적인 표현에 감탄했던 기억이 떠올라 그 표현을 써보았다. 아이의 질문에 감성을 얹어 이야기해주고 싶었기 때문이다. 하지만 얼마 지나지 않아 마음을 접었다. 나의 내면이 그게 자연스럽다면 아무렇지 않았겠지만, 일부러 애쓰니 부담스럽기만 했다. 있는 그대로 담담하게 대화를 나누자.

디지털 세대에게
아날로그 감성을 선물하다

모르는 것이 생기면 책으로 찾아보기도 하지만, 검색만 하면 척하니 답을 내놓는 스마트 기기의 편리함에 손은 스마트폰으로 향하고야 만다. 의도치 않게 스마트폰과 태블릿을 꺼내게 되니 아이는 신기한 디지털 세계가 흥미로운지 자꾸 자기에게 달라 보채었다. 영유아 건강검진을 갈 때마다 전자 미디어 노출을 한 시간 이내로 제한하라는 말을 계속 들어온지라 유아기에는 되도록 디지털 기기 사용을 줄이고 싶었으나 디지털 시대에 스마트 기기의 사용을 무조건 제한하는 것에는 한계가 있었다.

서연이가 영상 미디어에 눈 뜨고 난 후, 하루 TV 보는 시간을 제한하는 미디어 전쟁이 벌어졌다. 딱 세 개만 보고 끄자고 약속하지만, 다 보아도 아쉬운 마음에 서연이는 '하나만 더!'를 외치고 나는 '이제 그만!'을 외친다. 결국 삐죽 나온 아이의 입에선 엄마 밉다는 말이 새어 나온다. 그 모습을 지켜본 친정 엄마가 TV를 보며 배우는 것도 있으니 그냥 좀 보게 해주라 한다. 너 키울 때 안 그랬다는 말을 덧붙이며 서연이를 두둔한다. 맞다. 내가 어릴 적 TV 좀 그만 보라는 이야기를 들은 기억은 없다. 하지만 당시에는 지금처럼 TV를 원하는 순간에 원하는 만큼 볼 수 있는 게 아니었다. 주말 이른 아침에 방송하는 재미있는 애니메이션을 보기 위해서는 늦잠을 뒤로한 채 두 눈 번쩍 뜨고 시간 맞추어 일어나야 했다. 몇 편의 애니메이션이 끝나면 뉴스가 이어지고 드라마가 이어져, 자연스레 아빠 타임이 되고, 엄마 타임이 되었다.

지금은 다르다. 인터넷 TV는 수많은 볼거리를 준비하고 대기 중이다. 유튜브 알고리즘은 취향에 맞는 비슷한 콘텐츠를 자동으로 추천해준다. 끝없는 쳇바퀴 속에 빠져서 보다 보면 몇 시간은 순식간이다. 아이는 어려운 기다림을 선택하지 않는다. 아니 선택할 필요가 없다. 보고 싶은 프로그램을 지금 바로 클릭만 하면 된다. 생각해보면 이는 아이만의 문제는 아니다. 손에 든 스마트폰은 언제 어디서든 내가 원하는 것을 할 수 있게 도와준다. 공중전화를 찾아 헤맬 필요가 없다. 빨간 우체통에 편지를 넣어 보낼 필요도 없다. 물건을 사러 일부러 시간을 내어 가지 않아도 된다. 모든 것이 내가 필요로 하는 순간 즉시 할 수 있는 편리한 세상이다.

디지털 세대는
어떻게 교육해야 할까

사물이 인터넷과 연결되는 사물인터넷(IoT) 시대에 스마트 기기의 사용을 막을 수 없다면 쓰임새를 제대로 알고 활용할 수 있도록 지도해야 한다. 교과서에서도 스마트 기기를 활용해 정보를 검색해보는 부분이 상당히 늘었다. 지식이야 교사가 알려주면 쉽게 얻을 수 있겠지만, 디지털 시대에는 나에게 필요한 정보를 찾고 선별해 나의 말로 다시금 정리하는 과정이 필요하다. 따라서 배움이나 일의 효율성을 높이는 도구로서 디지털 기기를 활용하는 경험과 교육이 필요하다.

소프트웨어의 중요성 또한 강조되며 2014년부터 코딩 교육이 교육 현장에 도입되기 시작했다. 어릴 적 배웠다 사라진 코딩 교육이 다시 주목받는 게 매우 흥미로웠다. 한편으로는 코딩 교육의 의미를 어디에서 찾아야 할까 혼란스러웠다. 고민 끝에 기술적인 능력의 향상을 통해 소프트웨어 개발자를 양성하는 것을 목표로 하는 것이 아니라, 논리적이고 조직적인 사고방식을 학습하는 것이 코딩이라는 결론을 내렸다. 본질은 달라지지 않았다. 어떤 매체로 변화하든 교육은 결국 사고하는 방법에 대해 말하고 있다.

코로나19로 개학이 미뤄지다 대책으로 등장한 것이 바로 디지털 기기를 활용한 온라인 학습이었다. 사교육 업체에서도 디지털 학습지를 출시하느라 바빴다. 태블릿을 통한 다양한 디지털 콘텐츠로 아이들이 개념을 이해하기 쉽게 알려준다며 홍보했다. 온라인 수업이 등장하자 아이러니하게도 면 대 면 수업의 중요성이 더 부각되었다. 다양한 수업 방식이 이루어지는 교실과 달리 온라인에서는 일방적인 강의식 수업이 주로 실시되다 보니 수업 참여에 한계가 생긴 것이다. 학생들은 수업에 집중하기 어려웠고, 교사는 즉각적인 피드백을 제공하기가 어려워 수업에 대한 불만이 높아졌다. 원격 수업으로 인해 학생들의 학습 격차가 커지고 있다며 등교 수업의 필요성에 대한 목소리는 점점 높아졌다. 원격 수업 장기화에 오랜 시간 친구들을 만나지 못한 아이들의 사회성 부족과 우울감 등 정서적 문제도 제기되었다. 모든 것이 빨라지고 편리해진 디지털 시대에 오히려 아날로그의 중요성이 두드러졌다. 코로나19로 아날로그의 가치가 다시 급부상한 셈이다.

아날로그 감성을
즐기는 놀이법

아날로그의 가치와 중요성은 유아에게도 마찬가지다. 구체물을 통해 학습하는 유아기에 스마트 기기 화면을 터치하는 것은 한계가 있기 때문이다. 경기 지역 유아교육기관에 재원 중인 취학 직전 유아 107명과 그의 어머니를 대상으로 한 〈취학 직전 유아의 종이와 태블릿 스크린 쓰기 발달 비교〉 연구 결과에 따르면 유아는 종이보다 태블릿 스크린 쓰기에 더 큰 흥미를 보였지만 또박또박 글자를 쓰거나 유창하고 관습적인 글을 쓰는 데는 종이에 쓰는 것이 더 도움이 되는 것으로 밝혀졌다. 즉, 빠르고 강한 시청각 자극의 일방적인 학습 콘텐츠가 아닌 아이의 자발적인 질문을 충족시키기 위한 도구로서 디지털 기기를 활용하는 것이 바람직하다. 무엇보다 아날로그 방식으로 직접 구체물을 만지고 조작하고 다루는 생생한 경험이 더욱 중요하다.

초등학교 교사로 20여 년을 살면서 얻은 하나의 특이한 습관이 있다면 다 쓰고 남은 휴지심, 포장을 뜯고 난 후 남은 리본 끈 등 재활용품을 못 버린다는 거다. 그중에서 저학년을 지도할 때 특히 유용한 재활용품은 달걀판이다. 달걀판은 멋진 만들기 재료가 되기도 하고, 수학 시간 바둑돌과 함께 수를 익히는 교구가 되기도 한다. 어느 날, 서연이와의 산책길에 달걀판을 챙겨 들었다.

산책하며 달걀판에 무엇이든 마음에 드는 것을 담으라고 했다. 별 것 아닌 달걀판을 들고선 특별한 미션을 받은 듯 아이의 표정에 신남이 흘러넘친다. 자연물이라 지칭하지 않았음에도 서연이는 숲속을 걸으며 눈에 띄는 자연물을 주워다 달걀판에 담았다. 멋진 걸 찾겠다는 마음으로 걷다 보니 걸음만큼이나 눈이 바쁘고 손이 바쁘다. 내 눈에는 보이지도 않던 것들을 잘도 찾아온다. 그렇게 걸으니 여러 번 지났던 길임에도 새롭다.

솔방울, 나뭇가지, 여러 종류의 작은 열매, 나뭇잎, 작은 돌멩이.

어느새 열 개의 달걀 대신 열 가지 종류의 자연물이 달걀판을 가득 채웠다. 모양은 같고 크기만 다른 나뭇잎도 여럿 보이지만 괜찮다. 나뭇잎 하나 담았으니 이제 같은 종류의 나뭇잎은 그만 담아야 한다는 등의 규칙은 없다. 정해진 규칙이라고는 담고 싶은 것을 담는 것이기에 무엇이든 상관없고, 마음에 드는 것은 몇 개를 담아도 괜찮다. 그렇다고 서연이는 무턱대고 이것저것 담지는 않는다. 달걀판의 크기가 한정되어 있기에 이건 너무 커서 안 되겠다고 한다. 꽉 채우고도 새롭게 담고 싶은 것이 생기면 하나는 빼내어 공간을 만들어 담는다. 나름의 까다로운 기준을 통과한 자연물만 엄선해서 담았다. 집으로 돌아와서 조심스레 다시 열어본다. 특별한 의미를 부여하며 선택한 것들이라 그런지 하나같이 모두 소중하다. 숲에서 그냥 지나칠 때는 눈에 띄지 않던 것들을 별

것 아닌 달걀판에 담고 보니 마치 보석함에 담긴 소중한 보물처럼 특별해졌다.

담아온 자연물로 간단한 놀이를 해보자며 다 쓴 갑 티슈 상자를 꺼냈다. 절대 보면 안 된다는 나의 엄포에 서연이는 두 눈을 질끈 감았다. 그 사이 상자 안에 자연물 하나를 담고선 아이 얼굴 옆에서 상자를 흔들었다. 달그락거리는 소리에 서연이는 온 마음을 모아 집중한다. 어떤 자연물이 들어있을지 머릿속은 추측하느라 바쁘다. 몇 가지 정답 후보가 서연이의 입에 오르내린다. 이번에는 슬며시 아이 손을 가져다 갑 티슈 상자 안에 넣는다. 떨리는 마음으로 조심스럽게 상자 안에 든 자연물을 만져본다. 손끝으로 느껴지는 촉감에 온 신경을 집중하는 모습이 제법 진지하다. 서연이 얼굴이 점차 환해진다. 무엇인지 알겠다며 정답을 외친다.

다음 산책에선 규칙을 추가했다. 달걀판에 가지각색의 꽃을 담아보자 했다. 알록달록한 봄꽃이 달걀판에 펼쳐진다. 산책로 야외 테이블에 앉아 하얀 천 위에 봄꽃을 올려두고는 숟가락으로 신나게 두드렸다. 자연의 색이 스며들며 세상에서 단 하나뿐인 손수건이 완성되었다. 다양한 사물을 적극적으로 탐색하고 조작해보며 오감을 자극하니 감각 인식 능력은 절로 향상된다. 세상에서 가장 친환경적인 교구다.

과거를 그리워하는 이들이 그것을 재현하고자 하는 레트로 열

풍이 불고 있다. 불편해도 자연스러워서 오히려 신선하다는 것이다. 자라며 저절로 디지털에 익숙해질 아이들에게 추억으로 떠올릴 아날로그의 감성을 마음에 담아주길 바란다.

tip
이렇게 아이의 몰입을 도와주세요

태블릿을 활용해 학습하는 다양한 교육 프로그램을 어렵지 않게 볼 수 있다. 한글, 영어, 수학을 자연스럽게 학습할 수 있다는 광고 문구가 눈에 띈다. 디지털 기기의 화려한 영상과 설명, 즉각적인 반응은 아이들의 흥미를 자극하기에 충분하다. 하지만 태블릿 학습지도 결국엔 미디어다. 태블릿 학습지를 하는 아이의 모습은 가만히 앉아서 시선을 화면에 고정한 채 손가락만 까닥까닥하고 있을 뿐이다. 이는 수동적으로 지식을 담는 것 이상으로 발전하기 어렵다. 유아기에는 직접 만지고 두드려보며 지식을 적극적으로 탐구해갈 수 있도록 아날로그의 경험을 더해주길 바란다. 교육에는 아날로그가 필요하다.

일상에서 아이와 숫자에
몰입하는 방법

"엄마, 17층이다!"

온갖 곳에서 숫자 17을 만날 때마다 서연이는 17층이라며 좋아했다. 17층에 살고 있어 엘리베이터를 탈 때마다 숫자 17을 누르니 17이라는 숫자가 보일 때마다 반가워했다. 식탁에 놓인 탁상용 달력을 보고 서연이는 숫자 '17'마다 동그라미를 쳤다. 1부터 10까지의 숫자는 잘 모르면서도 17은 기가 막히게 찾아내는 모습이 신기했다.

"엄마, 왜 여기에는 별표가 되어 있어요?"

"그날은 할머니 생신이거든. 특별한 날이라 별표를 했지."

"내 생일은 어디 있어요?"

함께 달력을 넘기며 온 가족 생일을 찾아 표시했다. 뜬금없이 동물원이라고도 적길래 왜인지 물었더니, 그날은 동물원 가는 날로 자기가 정했다고 한다. 그날이 평일이라 서연이는 유치원 가는 날이고, 엄마와 아빠는 출근해야 해서 동물원에 갈 수 없다 했다.

"그럼, 동물원은 언제 갈 수 있어요?"

"토요일이나 일요일에 갈 수 있지?"

자연스레 월, 화, 수, 목, 금, 토, 일의 순서도 알게 되었다. 여기서 끝이 아니다.

"어! 단오다."

이번에는 작은 글씨로 적혀있는 24절기가 눈에 띄었나 보다. 며칠 전 유치원에서 단오 행사로 창포물에 머리 감고, 수리취떡을 만들기도 했던 차에 단오 글자를 보고 매우 기뻐했다. 명절과 국경일까지 살펴보며 달력 여기저기에 표시해 달력이 지저분해졌지만, 내 자식 낙서라 예쁘기만 하다. 도란도란 이야기하다 보니 저절로 수 개념 또한 자리 잡는다. 일부러 시간을 내어 학습하지 않아도 생활 속에서 저절로 터득해가는 것들이다.

"수학책 꺼내세요."

"아…."

학교에서 수학책을 꺼내라고 하면 학생들은 일단 탄식부터 한다. 수학은 재미없고 따분하고 어렵다는 마음의 벽이 있으니 수학이라는 말만 들어도 싫은 내색을 한다. 학습의 과정에서 수학에 대한 부정적인 경험이 차곡차곡 쌓이며 마음의 벽은 점차 높아지고 견고해진다. 아무리 수학을 쉽게 가르친다 한들 이미 견고한 마음의 벽에 튕겨져 결국 수포자(수학포기자)를 선언하기에 이른다. 수의 세계에 즐겁게 발을 내딛도록 도와줄 강요하지 않는 부드러운 자극이 필요하다. 유아기는 형식적인 수학교육이 시작되기 전에 이미 일상의 경험을 통해 비형식적으로 수학 학습을 경험하게 된다. 무엇보다 이 시기는 수학에 대한 유아의 태도에 지대한 영향을 미치기에 섣부르게 학습지부터 들이밀었다가는 수에 대한 부정적인 감정만 쌓이게 되니, 유아기에는 수에 대한 긍정적인 이미지를 갖도록 하는 것이 중요하다. 결국 수 개념 역시 생활 속의 자연스러운 호기심을 토대로 할 때 의미가 있다.

조급한 마음을
버리기

"그래도 이 정도는 알아야 하지 않아요?"
학습지 레벨 테스트에서 여섯 살인 아이에게 1부터 100까지 세어보도록 했다는 말을 듣고는 깜짝 놀랐다. 현재 초등학교 수학 교육과정에서는 1학년 2학기에 두 자리 숫자까지 배우고, 2학년 1학기가 되어서야 비로소 100이 나온다. 이른 학습을 시작하더라도 1학기 혹은 1년을 앞서는 정도면 충분할 듯한데, 3년이나 앞당겨 원치 않는 학습지를 들이미는 것이 과연 아이에게 얼마나 도움이 될지 의문이 들었다. 단순히 외워서 숫자를 익히니 수의 배열에 대한 규칙성, 100이 얼마나 큰 수인지 양감은 딴 나라 이야기다. 구구단 역시 마찬가지다. 다섯 살에 구구단을 술술 외운다며 자랑하는 말이 달갑잖다. 2학년 1학기에 곱셈의 원리에 대해 학습한 후 2학기가 되어서야 비로소 곱셈 구구단이 나오는데, 원리에 대한 이해 없이 외우기만 하는 것이 답답하기도 하거니와 외우느라 고생했을 아이의 수고가 안쓰럽다.

"잠시 쉬었다가 긴 바늘이 숫자 8에 있을 때 2교시 수업을 시작할게요."

1학년에 입학한 학생들은 아직 시계를 볼 줄 모르기에 학생들에게 언제까지인지를 알려주려면 항상 '긴 바늘이'로 시작해서 시계에 해당하는 숫자를 손가락으로 가리키며 온몸으로 안내한다. 그렇다고 여덟 살이 되도록 시계도 볼 줄 모르냐고 타박하지 않는다. 초등학교 1학년 2학기에 정각과 30분 단위로 시계 보는 방법을 배우고, 2학년 2학기가 되어서야 1분 단위로 시간 읽기를 학습하기 때문에 입학 당시에 시계를 볼 줄 모르는 것은 당연하다. 10진법의 수를 이제 막 알아가는 4~7세 유아가 12진법과 60진법의 조합으로 이루어진 시계 보기를 어려워하는 건 너무 당연하다. 그럼에도 4~7세 유아에게 시계 보는 것을 가르치겠다 하고, 아이들이 척척 따라오지 못하면 답답하다고 말한다.

"어휴, 이걸 왜 몰라. 엄마가 방금 알려줬잖아."

타박 섞인 부모의 말에 아이는 스스로 '잘하지 못하는 아이'라 명명하며 위축되고야 만다. 시계 보는 방법을 알려주려다 아이의 마음에 상처만 남긴 셈이니 무엇이 이득인지 알다가도 모르겠다. 한편으로는 시계 보는 방법을 미리 배우고 학교에 가니 학교에서는 척척 잘하지 않느냐 묻는다면 그렇기도 하고, 그렇지 않기도 하다. 배우기는 했지만 1분이 얼마나 긴 시간인지, 얼마큼의 시간이 흘러야 한 시간이 되는지에 대한 개념이 형성되어 있지 않은 경우가 대부분이다.

스탠퍼드대학교 심리학과의 캐롤 드웩Carol Dweck 교수는 사람들은 원래 태어나면서부터 '배움을 사랑하는 마음'을 갖고 있다고 주장한다. 부모가 조급한 마음으로 공부하라 하지 않아도 아이는 호기심에 따라 제 나이에 맞게 자연스레 수 개념을 형성해간다는 뜻이다. 엘리베이터를 기다리며 숫자를 바르게도 세보고 거꾸로도 세어보는 것처럼, 사과를 몇 쪽으로 나누어야 모두 먹을 수 있을지 고민하는 것처럼 자연스럽게 수의 세계를 넓혀가도록 도와주자. 아이가 여러 구체물을 반으로 가르기도 하고, 모으기도 하며 직접 조작하는 가운데 수 개념을 형성하고 양감을 갖추어 가도록 하는 것이 필요하다.

tip
이렇게 아이의 몰입을 도와주세요

"우리 아이는 셈이 너무 느려요."

상담 중 학부모가 고민이라며 이렇게 말했다. 실제로 그 아이는 수학을 매우 어려워했고 셈이 매우 느렸다. 부모가 아이 앞에서 셈이 느리다고 말하니 아이는 이미 수학이 어렵다고 선을 그어버렸다. 표현을 바꾸어 보기를 부탁드렸다.

"차근차근 잘하네!"

수학 시간에 표정이 어두웠던 아이는 어느 날부터인가 자신감이 차오르기 시작했다. 그리고 셈을 척척 해내었다. 속도도 조금씩 빨라졌다. 반복되는 연산 학습으로는 얻을 수 없는 변화였다. 수에 대한 긍정적인 이미지를 갖도록 하는 것이 중요하다.

아이에게 용돈을 주면
일어나는 일

서연이가 내 지갑에 있는 온갖 것들을 다 꺼내며 놀더니 자주 계산하던 카드 하나를 골라 자기 손에 쥐고선 나가자고 했다. 그 카드가 내밀기만 하면 원하는 것은 무엇이든 살 수 있는 천하무적 만능열쇠라고 생각했나 보다.

"먹고 싶은 과자랑 음료수 한 개씩 골라볼까?"

아이가 고민 끝에 가져온 과자를 보고 나도 모르게 미간이 찌푸려졌다. 과자 하나만 고르라 했더니 양껏 먹고 싶은 욕심에 초코 과자가 여러 개 들어있는 커다란 봉지를 들고 온 것이다. 다른 것을 권해보기도 했지만 서연이는 그것 아니면 안 된다고 고집을 부렸다. 이미 스스로 골라보라고 선택권을 주었기에 불편한 마음으로 결제를 할 수밖에 없었다. 결제 후 여러 번에 나누어 먹을 만큼의 분량을 아이가 한 자리에서 해치우는 모습을 보고 있자니 심란했다. 한 봉지에 만 원이 넘는 금액의 간식을 아무렇지 않게 사는 것도 그렇고, 달콤한 간식을 지나치게 많이 먹는 것도 못마땅했다. 때로는 몇 입 먹고는 그만 먹겠다고 했다. 그 말이 반갑기도 했지만, 먹고 남은 간식은 거들떠보지 않은 채 또 다른 새로운 간식거리를 찾는 모습에 물건 귀한 줄 모르는 아이로 자라는 것 같아 머릿속이 복잡했다. 현명한 소비 습관으로 이끌어줄 강요하지 않는 부드러운 자극이 필요했다.

조금 불편해도
현금을 사용할 것

어릴 적, 학교 갔다 오는 길에 먹고 싶은 것 사 먹으라며 엄마가 건네주신 백 원짜리 동전 하나, 행여라도 잃어버릴라 손에 꼭 쥐던 기억이 떠올랐다. 학교 앞 문구점에 들러 친구들과 너는 뭘 먹을래 진지하게 고민하다가 그날 눈에 띄는 불량식품을 고르곤 했다. 오백 원짜리 동전이 생긴 날에는 가슴이 벅차올랐다. 하굣길

문구점으로 향하는 심장은 두근댔고, 평소 사지 못했던 비싼 것도 살 수 있다는 여유로움으로 가판대를 훑어보았다. 나에게 수의 배움은 돈이었다. 이건 얼마고, 저건 얼마고. 500원을 내고 200원어치를 샀으니 300원을 거슬러 받아야 한다며 자연스레 셈이 이어졌다. 게다가 원하는 걸 한정된 금액 안에서 사야 하니 항상 선택이 뒤따랐다. 이걸 사면 저걸 살 수 없고, 저건 너무 비싸서 사려면 돈을 모아야 한다는 등의 계산을 마치고 나면 지금 당장 달콤한 불량식품을 사고 싶은 욕구는 외면해야만 했다. 이쯤 되면 단순히 셈하기가 능숙해진다는 것 이상의 의미를 갖게 된다.

나의 유년 시절을 떠올리고는 한동안 지폐와 동전을 사용하기로 마음먹었다. 카드 하나면 이것도 사고 저것도 사는 시대에, 아니 전자 페이로도 계산하는 시대에 화폐를 가지고 다니려니 번거로웠다. 일부러 은행 ATM기에 가서 돈을 찾아야 했고, 계산 후 주머니에서 짤랑짤랑 소리를 내는 거스름돈의 묵직함이 그리 반갑지만은 않았다. 그런데 서연이에게는 새로운 경험이었나보다. 은행 ATM기에 갈 일이 없는데도 서연이는 그곳에 가자고 했다. ATM이라는 말을 모르는 서연이는 '카드 퉤! 하는 거 보러 가자'며 내 손을 잡아당겼다. 처음에는 구경만 하더니 이제는 까치발을 들고서 자기가 화면을 터치했다.

1,000원 안에서 사고 싶은 것을 골라보자고 했다. 서연이는 커

다란 젤리 봉지와 스티커를 골랐다가 금액을 넘겼다는 말에 아쉬워하며 고민 끝에 젤리 봉지를 내려놓았다. 계산을 마치고 나니 100원이 남았다. 이번에 100원을 아꼈으니 다음에 100원을 더 얹어서 사용할 수 있다고 하니, '오예! 다음에는 더 아껴야지!'를 외친다.

과자, 음료수를 한 개씩만 고르라고 했을 때와는 달라졌다. 지폐를 주며 사고 싶은 것을 고르라 하니 물건의 가치를 비교하며 자신의 욕구에 따라 우선순위를 정했다. 조금씩 돈을 모으다 어느 날에는 기다렸다는 듯이 비싼 것을 고르기도 했다. 미래의 더 나은 소비를 위해 절약한 덕분이었다. 물론 항상 순탄한 것은 아니었다. 소비 요정이 스멀스멀 모습을 드러내며 엄마 돈, 아빠 돈 번갈아 가며 쓰자고 떼를 쓰기도 했다. 내 대답은 한결같았다. 주어진 금액 안에서 사는 것!

자연스럽게 학습하는 돈과 소비의 개념

다양한 경제 활동 중 가장 기본이 소비 활동이다. 소비는 합당한 비용을 지불하고 필요하거나 갖고 싶은 물건 혹은 서비스를 구매하는 것을 말한다. 하지만 소득이 정해져 있기에 원하는 것을 모두 가질 수는 없다. 갖고 싶은 것이 있는데 그만큼의 돈을 가지고 있지 못하다면 방법은 두 가지다. 구매를 포기하거나 필요한 금액만큼을 모으거나.《내 아이에게 무엇을 물려줄 것인가》의 공저자 데이브 램지Dave Ramsey 는 자녀가 어려서부터 돈과 노동의 상관관계를 깨우치도록 도와야 한다고 말했다. 그러면서 용돈의 개념보다는 수고비라는 말을 써서 노동을 통해 돈이 생긴다는 개념을 인식하는 것이 중요하다고 말하고 있다. 데이브 램지는 유아기 자녀에게는 세 가지 정도로 집안일 수를 제한하고, 단순하고 금방 끝낼 수 있는 일을 통해 제 손으로 일을 마치고 난 후의 성취감과 함께 수고비를 지급하는 것을 권한다.

서연이에게 노동을 통해 얻게 된 수고비로 물건을 사도록 교육하니 아이의 소비에 큰 변화가 생겼다. 천 원짜리를 우습게 보던 아이가 돈 귀한 줄 알게 된 것이다. 아파트 수요 장터가 열리는 날이면 항상 사 먹던 천 원짜리 슬러시가 너무 비싸다며 좀 더 저렴한 아이스크림을 사 먹겠다고 했다. 천 원짜리 지폐를 깨고 싶지 않아 가지고 있는 몇 개의 동전 안에서 살 수 있는 것을 골랐다. 어쩔 수 없이 지폐와 작별을 하게 되더라도 '난 거스름돈이 좋아!'라고 말하며 자기 지갑 안에 잔돈을 소중히 챙겼다.

어느 날, 당근 마켓에서 서연이의 장갑을 팔았다. 캐릭터가 마음에 안 든다고 해서 한 번도 껴보지 않은 새 상품인데, 반품한다는 것을 깜박한 사이 서연이 손이 너무 커버렸다. 장갑을 팔고 천원 지폐가 다섯 장 생겼다. 이거 누구 거냐고 묻는 서연이에게 서연이 장갑을 팔아서 생긴 돈이니 서연이 돈이라고 했다. 평소 받는 금액보다 훨씬 큰 액수에 눈이 휘둥그레졌다. 호기롭게 근처 마트로 가자고 한다. 마트에서 자기가 좋아하는 것을 바구니에 담는다. 평소보다 큰 금액이 있다고 생각해서 그런지 거침이 없다. 엄마가 먹고 싶은 것도 사줄 테니 고르라 하기에 나도 하나 골랐다. 금방 5,000원을 넘어버렸다. 이걸 뺄까 저걸 뺄까 고민하다가 결국 내가 고른 것을 뺐다. 집에 돌아오는 길, 서연이가 말했다.

"엄마, 뭐 또 팔 거 없어?"

현금을 사용하면서 자연스레 생기는 동전은 돼지 저금통에 넣었다. 그렇게 모은 동전으로 돼지 저금통이 제법 묵직해졌다.

《내 아이에게 무엇을 물려줄 것인가》에는 만 5세 이상의 아이들에게 소비 봉투, 저축 봉투, 기부 봉투 3가지 봉투로 돈을 모으도록 가르친다. 일주일마다 지급하는 수고비를 어떤 쓰임새로 사용할 것인지에 따라 미리 예산을 책정하고 관리하는 능력을 키우는 것이다. 이제 슬슬 봉투 세 개를 준비하려고 한다. 책에 나온 것처럼 소비, 저축, 기부가 적힌 세 개의 봉투에 용돈을 나누어 담고 스스로 소비를 계획하도록 교육할 생각이다. 용돈을 받은 기쁨에 하루 만에 다 써버리면 남은 6일을 빈털터리가 되어 견뎌야 함을 깨달았으면 좋겠다. 나중에 한 달 치 월급 혹은 그 이상의 목돈을 탕진하는 것보다 그래도 적은 금액 안에서 쓰라린 아픔을 겪는 것이 나을 테니 말이다. 실수할 기회를 주고 스스로 깨닫도록 지켜보는 지혜가 필요하다.

tip

이렇게 아이의 몰입을 도와주세요

교실 뒤편에 자리한 작은 바구니 안에 연필, 지우개, 색연필 등 아이들이 잃어버린 물건이 가득하다. 물건에 이름을 쓰지 않아 주인을 찾아주기 어려운데다가 잃어버린 물건을 되찾고자 하는 의지가 없으니 분실물 바구니에 물건이 들어오는 일은 있어도 나가는 일은 거의 없다. 물건마다 그 가치에 상응하는 금액의 돈을 지불하고 손에 넣은 것임에도 물건 귀한 줄 모르니 아쉽다. 용돈 안에서 필요한 물건을 아이가 직접 구매하게 하자. 돈을 아끼듯이 물건을 아끼고 소중히 할 수 있도록 강요하지 않는 부드러운 자극을 줄 바란다.

2장 인지 몰입

마음껏 상상하다 보면
논리가 생긴다

심심하다며 침대에서 빈둥대던 서연이가 데굴데굴 굴러 침대 밑으로 떨어졌다.

"앗, 바다에 빠졌다! 내가 구해줄게!"

순식간에 침대는 배가 되었고, 방바닥은 바다가 되었다. 서연이는 바다에서 어푸어푸 헤엄치는 시늉을 하며 구해달라 손을 뻗었고 나는 가까스로 그 손을 잡아 침대 위로 올려주었다. 그게 재미났는지 서연이는 몇 번을 굴러 바닷속에 빠지기를 자처했고, 그때마다 나는 큰일이 난 듯 호들갑을 떨며 서연이를 구조했다. 물에

빠지자마자 냉큼 구하면 또 재미가 덜하기에 뻗은 손이 닿을 듯,
말 듯한 액션이 반드시 포함되어야 했다.

"엄마 누구야?"

공주 이야기에 눈을 뜨기 시작하면서는 시도 때도 없이 공주
역할 놀이가 시작되었다. 엄마는 누구냐는 질문에 우르슬라라고
대답하면 서연이는 자연스레 인어공주가 되었고, 고델이라고 답
하면 라푼젤이 되었다.

"도망갈 수 없다! 너는 나에게 잡혔다!"

"꺄, 살려주세요!"

너무 세게 안은 것은 아닐까 걱정이 되어 슬며시 팔을 풀었더
니 서연이는 그게 아니란다.

"아니, 엄마! 내가 살려달라고 해도 꽉 잡고 놓지 말아야지!"

밑도 끝도 없는 역할 놀이 속에 온갖 악역은 내 차지였고, 서연
이는 모든 주인공을 섭렵하며 상상의 세계로 빠져들었다.

아이가 만든
가상의 세계에 함께할 것

인지심리학자 피아제에 따르면 만 3세 이후는 전조작기로 상
징적 사고가 발달하기 시작해서 가상 놀이를 즐기는 모습을 곧잘

볼 수 있다. 아이들은 놀잇감을 고유의 기능대로 사용하기도 하지만, 다른 물건으로 의미를 부여해 새롭고 창의적인 상징을 만들어 내기도 한다. 바나나를 전화 삼아 놀기도 하고, 기다란 막대를 다리 사이에 끼우고는 말이라 하는 것과 같다. 상징성의 부여는 사물에만 국한되지 않는다. 자기 자신을 공주라 상상하기도, 때로는 밀림의 사자라 칭하면서 새로운 세계를 펼친다. 무엇이든 될 수 있고, 어떤 일이든 할 수 있는 상상의 세계에서는 틀도 제약도 없다. 피아제는 이러한 가상 놀이를 통해 아동의 인지 능력이 강화될 수 있다고 보았다. 또한 아이들의 놀이는 현실을 반영하고 있다. 일상생활을 이해하고 관찰한 것들이 아이들의 놀이에 고스란히 담긴다. 초등학교 통합 교과 시간에 가족을 주제로 역할 놀이를 했다. 가족 구성원을 따로 정해주지 않았다. 각자 역할을 정하고 표현하고 싶은 대로 표현하자 했다. 그러기에 주어진 대본도 없었다.

"처남, 우리 한잔하러 가지!"

"어휴, 여보! 오늘도 또 술이에요!"

실감 나는 엄마, 아빠의 모습에 교실의 학생들은 깔깔대며 웃었다. 지극히 현실적이고 적나라한 표현에 어른으로서는 다소 멋쩍은 순간이었다. 그래도 아이가 유심히 보았던 관찰의 시간을 뭐라 할 수는 없다. 충분한 탐구와 탐색은 잘못이 없다.

자기중심적으로 사고하던 유아가 가상 놀이를 통해 다른 사람의 입장에서 생각하고 행동하는 경험은 자신을 넘어 타인 및 세계와 관계를 맺는 데 도움이 된다. 가상의 세계에서 엄마가 되기도 하고, 선생님으로 변신하다 보면 그 인물에 대한 공감 능력이 향상된다. 부모는 아이의 상상 속 공간에 함께 스며들어 맞장구를 치면 된다. 부모와 자녀로서가 아니라 상상 속 캐릭터 대 캐릭터로서 함께 새로운 세계를 펼쳐 나가다 보면 아이는 다양한 입장이 되어보는 가운데 이해의 폭을 넓힌다.

서연이가 병원 놀이 장난감을 들고 다가온다. 이미 서연이는 병원의 세계에 들어섰으니 나 역시 마음의 준비를 하고 맞이한다.

"어서 오세요. 어디가 아파서 오셨나요?"

배가 아프다는 나의 말에 서연이는 청진기를 꺼내고선 내 가슴 여기저기에 대어 보았다. 등 여기저기에도 청진기를 대었다.

"아, 해보세요."

전에는 입을 벌려 목 안만 들여다보더니, 오늘은 양쪽 콧구멍과 귓속까지 들여다본다. 지난번 병원에 갔을 때 의사 선생님이 진찰하던 모습을 떠올리며 병원 놀이가 더 풍성해졌다.

"아이스크림을 두 개 먹어서 그래요. 주사 한 대만 맞으면 금방 나을 거예요."

배가 아픈 이유와 해결책을 나름 논리적으로 이야기한다. 현실에서의 경험이 가상 놀이와 연결되며 점차 놀이에 구체성이 덧붙여지고 논리가 부여되었다. 얼토당토않은 상상의 이야기에서 제법 탄탄한 이야기로 논리적 구성들이 더해지는 것이다. 상상과 논리는 정반대의 개념이 아니다.

관찰과 논리를 토대로 한 상상은 상상의 세계에만 머무르지 않는다. 상상력은 창의력의 가장 큰 부분으로 모든 창조적 활동의 기초가 된다. 우리 아이에게 상상의 세계를 선물하자.

tip
이렇게 아이의 몰입을 도와주세요

교실에서 역할 놀이를 할 때면 아무것도 없는 상태에서 아이들은 필요한 것을 뚝딱뚝딱 잘도 만든다. 의자를 나란히 놓고 침대라 하고, 딱풀을 가지고 와서 주사기라 하니 모형 장난감 하나 없어도 보는 사람도 어색하지 않다. 가정에서도 마찬가지다. 아이와 병원 놀이를 한다고 해서 병원 놀이 장난감이 꼭 있어야 하는 것은 아니다. 가까이에 있는 물건에 의미를 부여하자. 보자기는 물건을 담는 가방 외에도 보자기를 허리에 두르면 드레스를 입은 공주가 되고 머리에 두르면 알라딘에 나오는 지니로 변신할 수 있다. 하나의 물건을 여러 용도로 사용하며 가상의 세계에서 창의성을 마음껏 키워가길 바란다.

꼬리에 꼬리를 무는
생각 주머니 대화법

"설렁탕이 뭐야? 설탕으로 만들었나?"

길을 지나다 서연이가 간판을 보며 묻는다. 설렁탕에서 설탕을 유추한 것이 웃기다. 곧바로 설렁탕은 소고기로 만든 국이라고 간단하게 설명해줄 수도 있지만 그러지 않았다. 아이의 생각이 궁금하다.

"그러면 너무 달지 않을까?"

"아니야, 설탕이 들어갔으니까 아주 달콤하고 맛있을 거야."

"엄마 생각에는 설렁설렁 만들어서 설렁탕인 것 같은데?"

"설렁설렁이 무슨 뜻이야?"

"정성 들이지 않고 대충한다는 뜻이야."

"에이, 그건 아니다. 요리할 때는 정성스럽게 해야지!"

설렁탕의 유래에 대한 여러 가지 설 중, 설렁설렁 끓였다고 해서 설렁탕이라는 이름이 붙게 되었다는 설이 있다. 그러나 요리는 자고로 정성이 담겨야 한다는 서연이의 논리적인 반박에 할말을 잃는다.

"엄마, 설렁탕은 뭐로 만들어?"

"설렁탕은 소고기로 만들지. 소고기랑 뼈랑 함께 넣고 한참 동안 푹 끓이면 맛있는 설렁탕 완성!"

"엄마 먹어봤어?"

"먹어봤지. 서연이도 지난번에 먹어봤어. 할머니께서 사다 주셨었잖아."

"맞아. 아, 설렁탕 먹고 싶다."

설렁탕 먹고 싶다는 서연이의 말에 차를 돌려 아까 보았던 설렁탕 가게로 향했다. 이내 뽀얀 국물이 가득 담긴 설렁탕 한 그릇이 상 위에 놓였다. 설탕이 들어있는지부터 확인해본다.

"설탕이 들어있는 것 같아?"

맛을 보더니 고개를 절레절레 흔든다. 설렁탕을 먹으며 서연이에게 또 다른 설렁탕의 유래를 들려준다.

"옛날에 신농씨라는 사람이 농사짓는 방법을 사람들에게 처음으로 알려주었대. 그래서 사람들이 신농씨에게 고마운 마음도 전하고, 앞으로도 계속 농사 잘되게 해달라고 소원을 빌며 선농단에서 제사를 지내기 시작했어. 그리고 제사가 끝나면 제사 때 사용한 소를 국으로 끓여서 다 같이 사이좋게 나누어 먹었다고 해. 여기서 퀴즈! 선농단에서 신농씨에게 제사를 지내고 나서 먹었던 음식 이름이 뭘까요?"

"몰라."

"힌트는 지금 우리가 먹고 있는 거야."

"설렁탕!"

"맞아, 선농단에서 먹던 국이라 선농탕이라고 했다가 지금은 설렁탕이 되었대."

옛이야기 곁들이니 오늘따라 더 맛있다. 서연이도 자기 양만큼의 배를 채우고는 만족스러워했다.

시답잖은 대화도 의미 있는 대화다

아무 의미 없어 보이는 대화일지라도 허투루 넘기지 않는다. 아이는 엉뚱한 호기심에서부터 시작해 마음껏 생각을 확장한다.

나름 논리적인 근거를 제시하며 반박하기도 한다. 2018년 〈사이언스 타임스〉에서는 MIT, 하버드대학교, 펜실베이니아대학교의 공동 연구진이 4~6세 아동을 대상으로 두뇌 스캐너, 자연 언어 처리시스템, 표준화 검사 등으로 검사한 결과, 주고받는 대화가 두뇌 활성화 및 성취도와 관련이 있다는 사실을 밝혀냈다고 보도했다. 여기서 중요한 점은 반드시 부모와 아이가 서로 주고받는 대화여야 한다. 단순히 부모의 말을 듣고 있는 것보다 대화일 때 아이의 두뇌 및 언어 능력이 발달되었다. 그리고 이러한 결과에 부모의 소득이나 교육 수준과는 관계가 없었다. 고소득층 아이여도 대화가 적으면 언어 능력 및 두뇌 반응에서 성취도가 낮게 나타났다. 반면, 저소득층 아이여도 대화가 많으면 성취도가 더 높게 나타났다.

그렇다면 얼마나 대화를 나눠야 할까? 경제협력개발기구OECD 나라를 대상으로 조사했을 때, 부모와 자녀의 대화 시간은 하루 평균 150분이었다. 반면 우리나라는 평균 49분으로 부모와 자녀가 거의 대화를 나누지 않았다. 아이들의 인지 발달을 이끌 강요하지 않는 부드러운 자극으로 무엇보다 대화가 필요하다. 우리의 모든 대화가 지적 탐구를 목적으로 하지는 않기 때문에 대화가 엉뚱하게만 흘러도 상관없다. 대화 그 자체를 즐기자.

어느 날, 서연이와 배달 음식을 시켜 먹은 날이었다. 분주히 준비하는 사이 비닐봉지에 붙여져 있던 영수증이 고대로 떼어져 텔레비전에 붙어 있었다. 이런 짓을 할만한 사람은 한 명뿐이지만, 모르는 체하고선 묻는다.

"이건 누가 붙인 거야?"

"나 아닌데."

"엄마도 아닌데. 그럼, 누구지? 혹시 아빠가 붙였나?"

"아니야. 아빠는 지금 집에 없는걸."

"그럼 겸이인가?"

"겸이는 강아지인데 어떻게 붙여! 그리고 키가 작아서 여기까지 안 닿아. 혹시 엄마 아니야?"

"엄마 아닌데. 엄마는 음식을 꺼내기만 했고 영수증을 만지지는 않았거든. 도대체 누구일까?"

"아빠가 살금살금 집에 와서 영수증 붙여놓고 후다닥 도로 나갔나?"

"그럴 수도 있겠다. 혹시 바람이 와서 붙인 거 아니야?"

"바람은 손이 없잖아! 혹시 곰인형이 그런 거 아닐까?"

"그럴 수도 있지. 손 닦는 사이에 곰인형이 슬며시 일어나서 후다닥 영수증을 붙였나 보다!"

누가 더 엉뚱한지 겨루기라도 하는 듯한 대화를 한참 주고받다 보니 어느새 식사가 끝나간다.

"아! 엄마. 배달 아저씨가 붙이고 갔나 봐. 얼마인지 보라고 붙였나 봐."

갑자기 등장한 의외의 인물에 한참을 웃었다. 부모와의 대화를 통해 긍정적인 수용을 경험한 아이는 자기 생각을 말하는 데 거침없다. 말이 꼬리에 꼬리를 물며 사고를 확장하니 생각은 절로 폭을 넓혀가고 깊이를 더해 간다. 반면 아이가 엉뚱한 말을 했을 때 무슨 말을 하냐며 받아주지 않거나 '그게 아니지, 이렇게 해야지'라는 부정적인 피드백을 받다 보면 아이는 자기도 모르게 사고회로에 제어를 걸고 어떻게 말해야 칭찬받을지 고민하게 된다. 정답 찾기의 길로 들어서는 것이다.

국어 시간 '꼬부랑 할머니' 시를 배우고선 느낌을 말하는 단원 평가 문제에 준우는 '강아지가 불쌍하다'라고 답했다. 꼬부랑 강아지가 꼬부랑 할머니의 엿을 맛보려고 입맛을 다시다가 예끼 놈 맞았다는 데 마음이 쓰인 것이다. 정답은 '꼬부랑이라는 말이 여러 번 반복되어 재미있다'였다. 출제 의도를 고려했을 때 분명 준우가 적은 답은 틀렸지만, 틀렸다고만은 할 수 없었다. 어찌 보면 알려주는 대로 받아들이는 아이들보다 준우가 시를 더 잘 느끼고 감상한 셈이다.

학습의 시기에는 문제가 요구하는 것에 대한 정답을 찾아가는 것도 필요하기는 하지만, 아직 평가로부터 자유로운 시기인

4~7세에는 생각을 정답 찾기의 틀 안에 가두지 않기를 바란다. 느끼고 생각하고 자유롭게 말할 수 있도록 하자.

tip
이렇게 아이의 몰입을 도와주세요

한참을 통화하고 전화를 끊으며 "자세한 이야기는 만나서 하자"라고 한다는 우스갯소리가 있다. 뭐가 그리 할 말이 많은가 싶기도 하고 시답잖은 이야기라 폄훼할 수 있겠으나 대화를 나누는 당사자들에게는 그렇지만 않다. 꼬리에 꼬리를 물고 이어지는 대화 속에 때로는 정보가, 때로는 정이 오고 가니 주고받는 대화만큼 관계는 돈독해진다.

자녀와의 대화에서도 마찬가지다. 대화가 대화를 부른다. 부모와 자유롭게 대화를 나누던 경험이 사춘기 대화의 단절을 막는다. 오랜 단짝과 끊임없는 수다를 이어가듯 자녀와 도란도란 대화를 나누자.

생각에 생각을 더하는
인정 대화법

　몇 해 전까지만 해도 초등학교에서는 일제식 지필평가를 실시했다. 일제식 지필평가란 학년의 모든 학생이 같은 날짜에 동일한 문제를 풀게 하는 중간고사, 기말고사 같은 시험이다. 다만, 시험이 끝나면 채점만 할 뿐 등수를 매기지 않았다. 그러나 엄마들은 네트워크를 가동해 서로 연락을 주고받으며 점수에 따라 아이들을 줄 세우기 바빴다. 아이들은 덩달아 '나 다음이 너'라는 말을 하며 높은 시험 점수가 우월하다는 인증이라는 듯이 우쭐대었다.

　다행히도 현재는 초등학교에서 중간고사, 기말고사 등의 평가가 사라졌다. 학생의 자료를 여러 방면으로 수집해 적절한 피드백을 제공함으로써 변화와 성장을 이끄는 교육 패러다임으로 변했기 때문이다. 결과 중심 평가가 아닌 과정 중심 평가다. 그렇다고 평가가 모두 없어진 건 아니다. 새 학기가 시작되는 3월 초에 기초 학력 진단평가가 있다. 이를 통해 학생들의 현재 수준을 파악하고 앞으로의 교육 활동에 참고한다. 이외에도 수시로 수행평가가 있어 학생들이 잘 이해하고 있는지, 오류를 범하고 있지는 않은지를 점검한다.

"선물이야."

"뭔데요?"

수업을 앞두고 선물이라는 말에 학생들 눈이 휘둥그레진다. 무엇일까 궁금한 호기심과 어서 선물을 꺼내라는 다급함도 더해진다.

"짜잔, 수행평가!"

"에이."

학생들 입에서 실망의 탄식이 새어 나온다. 당연하다. 하지만 아랑곳하지 않고 말을 덧붙였다.

"내가 얼마나 잘 이해했는지 알게 해주고, 모르는 건 다시 배울 기회를 주잖아. 똑똑해지는 데 이만한 선물이 없지!"

아이들은
부모의 인정을 원한다

평가에 대한 부정적인 이미지를 해소하고 심리적 부담을 덜어
주고자 농담을 던지지만 간단한 시험에도 유난히 긴장하는 학생
들이 있다. 채은이는 시험이라는 말만 들어도 온몸이 경직될 듯
긴장하고, 다 푼 시험지를 가져와 내미는 손길은 매우 조심스럽다.
채점할 때는 혹시라도 틀릴까 봐 숨도 멈춘 채 결과를 기다린다.
다 맞으면 안도의 한숨을 내쉬었고, 하나라도 틀리면 표정이 일그
러지며 자신을 책망했다. 무엇이 그토록 채은이를 불안하게 할까
궁금했다. 조심스레 물어보니 채은이는 엄마가 실망할까 봐 그런
다고 말했다.

누구나 인정받기를 원한다. 인간은 사회적 동물이기에 주변인
으로부터 인정받고 싶은 마음이 당연하다. 아이들도 마찬가지다.
자신이 해낸 것을 인정받는 가운데, 스스로 가치 있는 존재라 생
각하고 자존감을 키운다. 하지만 건강하게만 자라면 바랄 것이 없
겠다고 간절히 소원하던 마음은 아이가 자라며 하나둘 바라는 것
이 많아진다. 걸음마 떼는 순간 진심을 담아 환호하고 기뻐하던
부모는 아이가 성장함에 따라 자신도 모르는 사이 인정의 기준을
조금씩 높여 간다.

달리기 시합에서 2등을 한 아이에게 '아쉽지만 다음에는 1등을

해보자' 한다. 2등으로도 이미 충분히 잘한 것이니 아쉽다는 말은 접어두고 칭찬만 해도 충분한데 말이다. 승민이 어머님은 상담 중에 "우리 아이가 잘하는 것 같은데, 꼭 하나씩은 틀려요. 틀리는 것이 습관이 될까 걱정이네요"라고 말했다. 그에 대한 나의 대답은 하나였다.

"어머님, 틀린 하나를 보지 마시고 맞춘 19개를 보세요. 승민이는 이미 충분히 잘하고 있어요."

19개를 맞추어도 맞추지 못한 한 문제에 초점을 두고 다음에 더 잘하자고 하니 백 점이 아니면 안 될 것 같다. 시험 점수에 대한 강박은 결국 높은 긴장으로 나타나고, 이는 평가에서 제 실력을 발휘하지 못하는 악순환으로 빠지게 된다.

MBC 〈오은영 리포트〉에서 오은영 박사는 노는 걸 좋아하는 아이들이 공부하는 건 부모가 그걸 좋아하기 때문이라고 말했다. 공부를 잘하면 어른들 눈에서 꿀이 뚝뚝, 하트가 가득하니 공부를 잘해야 부모에게 인정과 사랑을 받을 수 있다고 생각하는 것이다. 그렇게 인정을 갈구하며 시작하는 공부는 자기가 무엇을 좋아하는지, 어떤 부분에 재능이 있는지 고민할 틈이 없다. 부모가 바라는 대로 맞추는 데에 급급하다. 물론 인정받고 싶은 마음이 동기부여로 이어져 성장한다는 걸 부인할 수는 없지만, 좀 더 인정으로부터 자유로워질 필요가 있다. **누군가에게 인정받았을 때만 자**

신을 가치 있는 존재라 여기고, 인정받지 못했을 때는 자신을 폄훼하며 괴로워하도록 두어서는 안 된다. 공부를 잘해서가 아닌 아이 자체가 빛나는 존재이기에, 유아기에는 조건 없는 충분한 사랑과 인정을 쏟아주어야 한다.

오호!
그것참 좋은 생각이다

"엄마, 우리도 해요."

TV를 보다 출연자들이 매트 위에서 서로 밀어내기 게임을 하는 것을 보고 서연이가 말했다. 준비물이 따로 필요하지 않고 나 역시 재미있어 보여 선뜻 그러자 했다.

"그것참 좋은 생각이다!"

서연이가 뭔가 아이디어를 제시할 때면 나는 '그것참 좋은 생각이다'라며 호응한다. 항상 서연이의 생각이 옳지만은 않기에 뭔가 수정이 필요할 때도 있다. 그럴 때도 되도록 그것참 좋은 생각이라고 인정을 한 후에 말을 보탠다.

"그것참 좋은 생각이다! 그런데 매트 위에 물건이 많아서 위험할 것 같은데, 우리 이것부터 정리하고 하면 어떨까?"

"엄마, 참 좋은 생각이다."

그것참 좋은 생각이라는 말을 자주 하니 이제는 서연이 입에서도 자연스레 같은 말이 흘러나온다. 좋은 생각이라고 인정받고 나니 아이가 흥에 겨워 '그렇다면 이건 어떻냐'고 생각에 생각을 더해가면서 대화가 점차 확장된다.

그것참 좋은 생각이라며 맞장구 더해보자. '건강하게만 자라다오' 하던 때의 초심으로 돌아가 아이의 작은 생각에도 귀 기울여 들어주며 인정을 쏟아주자. 타인의 인정을 갈망하는 것이 아니라 스스로 빛나는 존재임을 자각하고, 흥에 겨워 새로운 것에 도전하며 스스로 성장을 이끌어 갈 수 있도록.

tip
이렇게 아이의 몰입을 도와주세요

타인으로부터 존중받는 것을 넘어 내가 나를 존중할 수 있도록 아이와 함께 긍정 확언을 외쳐보자.
"나는 지금 나의 모습을 사랑합니다."
"나는 사랑을 주고 사랑받는 사람입니다."
"나는 나다운 것을 자랑스럽게 생각합니다."

연습하면
누구나 할 수 있어

　　EBS 특별 다큐멘터리 〈동기〉에서 여섯 살 유치원 아이들을 대상으로 한 실험이 있다. 아이들에게 퍼즐을 주고 맞추도록 했는데, 처음에 준 퍼즐은 아이들이 쉽게 맞출 수 있는 간단한 것이었다. 두 번째로 준 퍼즐은 서로 다른 두 종류의 퍼즐 조각을 섞어 애초에 짝이 맞지 않았다. 의도적으로 실패의 상황을 만든 것이다. 이후에 아이들에게 한 번 더 기회를 준다면 어떤 퍼즐을 맞추겠느냐는 질문을 던졌다. 어떤 아이들은 이미 성공했던 첫 번째 퍼즐을 다시 맞추겠다고 했고, 어떤 아이들은 자신이 맞추지 못한 두 번째 퍼즐에 도전했다.

잘할 수 있는 것에 초점을 맞추고, 자신의 부족함을 드러내지 않으려는 아이는 실패의 상황을 맞닥뜨리는 걸 기피한다. 평가에서 좋은 결과를 받아, 남들에게 내가 잘한다는 걸 드러내면 만족스럽기에 해낼 수 있을 만한 과제에만 머물고자 한다. 하지만 살면서 수없이 마주할 실패와 좌절의 상황에서 위기를 딛고 일어설 힘을 키워야 한다. 쉽고 안전한 길이 아니라 다소 실패할 위험이 있어도, 도전할만한 가치가 있다고 판단해 능력을 발전시키는 기회로 삼는 것이 중요하다. 그러나 점수와 경쟁이 강조되는 상황에서 아이들은 도전하려 하지 않는다. 그러다 보니 아이들은 쉽고 안전한 길을 통해 능력을 증명해 보이고 싶어 한다. 결국 성장을 위한 도전은 뒷전으로 밀려나고야 만다.

능력이 아닌
노력을 칭찬하라

"선생님, 나 못해요. 안 할래요!"

초등학교 체육 시간, 상혁이가 줄넘기를 안 하겠다고 선언했다. 수많은 연습 끝에 젓가락질을 할 수 있게 된 것처럼 줄넘기도 꾸준히 연습하면 잘할 수 있을 것이라 응원했지만 상혁이의 마음을 돌리기에는 충분하지 않았다. 시간이 필요한 것 같아 친구들이 하는 것을 보며 어떻게 하는지 잘 관찰해보자 했다. 약간의 시간이 흐른 후 다시 고개를 돌려 상혁이를 보았을 때 줄넘기를 제법 잘 넘는 친구 옆에서 숫자를 세어주며 같이 즐거워하고 있었다. 한편으로는 자기도 잘하고 싶은데 잘 안된다는 아쉬움도 묻어난다. 다시 슬며시 다가갔다. 쉬운 단계부터 같이 해보자 했다. 뒤에 있는 줄넘기를 앞으로 휙 돌려 바닥에 닿게 한 후 멈추어 있는 줄 위를 걸어서 넘으라 했더니 그건 해볼 수 있겠다며 자리에서 일어난다. 몇 번을 하다가 이번엔 걷지 말고 두 발로 폴짝 뛰어서 넘어보자 했다. 멈춰있는 줄이기에 어렵지 않게 성공했다.

"이야, 연습하더니 그새 실력이 늘었네!"

칭찬에 아이는 머쓱한 웃음을 지었다. 연습의 시간이 켜켜이 쌓여 2학년에 올라갈 때 상혁이는 줄넘기 20번을 넘었다. 목표로 했던 50개 이상을 넘지는 못했지만, 나는 진심을 담아 상혁이를 가장 많이 칭찬해주었다.

성공이나 실패를 경험했을 때, 원인을 어디에서 찾는가에 대한 이론이 있다. 사회심리학 이론인 귀인 이론Attribution Theory으로 사람들이 성공과 실패의 원인을 설명하는 방식에 대해 말한다. 귀인 이론에 따르면 '똑똑한데!', '우리 딸 천재 아니야?' 같이 성공의 원인을 능력에 초점을 맞춰 칭찬하는 것은 바람직하지 못하다. 내가 능력이 있어서 해낸 것이니 굳이 노력할 필요가 없고, 능력이 없어서 실패한 것은 쉽게 포기해 버린다. 없는 능력을 만들어내기에는 힘이 드니 열심히 할 동기가 부여되지 않는 것이다. '열심히 연습해서 실력이 늘었구나' 같이 노력에 초점을 맞춰 칭찬하면 이야기는 달라진다. 성공의 원인이 노력에 있다고 생각하기 때문에 실패하더라도 열심히 노력하면 할 수 있다는 동기가 부여된다. 즉, **칭찬의 포인트는 바로 아이의 노력이어야 한다.**

칭찬은 잘한 행동에 대한 긍정적인 평가를 의미하기도 하지만, 앞으로 더 잘하도록 격려하는 응원이기도 하다. 칭찬의 중요성은 많은 부모가 이미 알고 있다. 그러나 아이에게 도움 되라고 한 칭찬이 나도 모르는 사이에 걸림돌이 될 수도 있으니, 칭찬도 잘하는 것이 중요하다. 캐롤 드웩의 도서 《마인드셋》을 보면 대부분의 사람은 재능이 곧 능력 자체라고 믿지만, 사실은 끝없는 호기심과 도전 정신이 재능을 키우는 것이라 말한다. 그리고 아이의 성장 마인드를 자극하는 열쇠로 노력에의 칭찬을 제안한다. 노력이나 전략, 또는 타인의 도움을 통해 얼마든지 능력을 길러낼 수 있다는 믿음은 아이들을 성장으로 이끈다. 성공 혹은 실패의 상황에서 노력에 대해 칭찬받은 아이들은 어려운 문제를 풀지 못한 상황을 단지 '더 노력하거나 다른 전략을 구사해야 한다'라고 받아들이기 때문이다. 강요하지 않는 부드러운 자극으로 아이의 노력을 칭찬해보자.

구체적으로,
과정에 대해서 칭찬하라

아장아장 걷는 서연이에게 연습하더니 더 잘 걷게 되었다고 칭
찬했다. 가위질을 잘해도 연습해서 그런 것이라 말했고, 그림을 그
릴 때도 연습하니 실력이 늘어난 것 같다며 칭찬했다. 거기에 하
나 더 얹어 되도록 구체적으로 칭찬했다. 서연이가 정성을 들여
그린 그림을 거실 벽에 붙이겠다 할 때, '모두가 볼 수 있으니 그것
참 좋은 생각이다'라고 구체적인 이유를 덧붙여 칭찬했다. 잘 그
렸다고 두루뭉술하게 칭찬하지 않았다. 웃는 표정이 참 마음에 든
다거나 여기 보라색으로 그린 꽃이 멋지다고 구체적으로 콕 집어
칭찬했다. 산책하다 서연이가 이쪽 길로 가자 했을 때도 '그것참
좋은 생각이다' 맞장구를 치면서 지난번에 저쪽으로 가보았으니
이번에는 이쪽으로 가보는 것도 좋겠다고 구체적인 칭찬 한마디
를 더 얹었다.

지나침은 안 하느니만 못하다는 말처럼 칭찬 역시 너무 과하지
않도록 경계해야 한다. 역시 네가 해낼 줄 알았다는 말은 앞으로
도 꼭 해내야만 할 것 같아 부담스럽다. 자전거 타는 것을 열심히
연습하더니 하율이보다 더 잘 타게 되었다는 말은 다른 친구보다
항상 잘해야만 할 것 같아 불안하다. 그러기에 내 아이와 아이가
해낸 그 과정 자체에만 초점을 두고 가볍고 담백하게 칭찬을 건네

는 것이 좋다.

자전거를 씽씽 신나게 타는 사촌 언니와 사촌 오빠들을 보며 서연이는 참 부러워했다. 자기도 이제 네발자전거를 타겠다고 고집을 부려 타기는 했는데, 앞으로 잘 나아가질 않으니 속만 탄다. 그때도 나는 "괜찮아, 연습하면 할 수 있어. 킥보드도 처음엔 어려웠는데 연습하다 보니 점차 잘 타게 되었잖아! 자전거도 마찬가지야" 하고 말해줬다. 자전거를 타다가 다들 잠시 쉬고 있는 틈에도 서연이는 사촌 언니를 이기겠다는 목표 하나로 맹렬히 연습하더니 또래보다 빨리 네발자전거를 익혔다. 영유아 건강검진을 할 때마다 대근육 발달이 느리다는 이야기를 듣는 아이가 이뤄낸 대반전이었다.

연습이 필요한 건 놀이에서도 마찬가지다. '루핑루이'는 우리 가족 모두가 좋아하는 보드게임 중 하나인데, 비행기를 탄 루이가 내 달걀을 떨어뜨리지 못하도록 지키는 스릴 넘치는 게임이다. 루이가 동전 모양의 달걀을 터치하는 순간 달걀이 아래로 떨어지기에 달걀을 지키기 위해서는 비행기가 내 앞을 지나가는 타이밍에 버튼을 눌러 비행기를 높이 띄워야 한다. 그러면 내 달걀을 지킬 수 있을 뿐만 아니라 다른 사람의 달걀이 떨어지도록 공격할 수도 있어 하다 보면 아주 재미있다. 그런데 이전에 했던 간단한 보드게임과는 달리 이 게임을 즐기기 위해서는 스킬이 필요했다. 타이밍에 맞춰 적당한 힘으로 버튼을 눌러야 하기 때문이다. 그렇다고 너무 세게 누르면 나의 힘에 도리어 내 달걀이 떨어지는 참사가 발생하기에 적당한 힘을 주어야 한다. 그러다 보니 서연이는 재미있어서 하고는 싶은데, 잘할 수 없어서 하고 싶지 않은 딜레마에 빠지고 말았다.

몇 번을 시도하다 결국 서연이는 울음을 터뜨리며 방으로 들어가 버렸다. 여지없이 엄마, 아빠 밉다는 말이 나온다. 아랑곳하지 않고 나와 남편은 '루핑루이' 게임을 즐겼다. 들으라는 듯이 큰 소리로 흥겨운 추임새를 더했다. 방문 너머에서 들려오는 흥미진진한 소리에 서연이는 호기심을 이기지 못하고 문을 열고 뛰쳐나왔다. 곧 다시 함께 자리를 잡고 '루핑루이' 보드게임을 한다. 서연이는 역시나 잘되지 않으니 또다시 분노하며 방으로 들어가 버렸다. 그러면 나와 남편은 이번에도 계속 보드게임을 하며 신명 나는 추임새를 던졌다. 속상해하며 방으로 들어갔다가 호기심에 다시 밖으로 나오기를 몇 번을 반복하다 보니 웃음이 터져 나왔다. 깔깔대고 웃다가 잠시 식사를 준비하겠다며 자리에서 일어났다. 누가 시키지도 않았는데 서연이는 자리에 앉아 혼자 연습하기 시작했다. 여러 번의 연습 끝에 언제 어떻게 눌러야 하는지 감을 잡아가기 시작했고, 저녁 식사 후 서연이의 울부짖음 없이 다 함께 '루핑루이'를 즐겼다.

"서연이 갑자기 왜 이렇게 잘하지?"

두 눈 동그래져서 묻는 나에게 서연이는 씨익 웃으며 대답했다.

"연습했거든!!"

tip
엄마와 아이가 성장하는 몰입 육아 이야기

서연이가 오늘은 유치원에서 친구에게 피아노로 '고양이 춤' 치는 방법을 배웠다고 종알댔다. 친구가 여러 번 가르쳐 주었지만 잘 치기가 쉽지 않았다고 했다. 내가 힘들었겠다고 하자 서연이가 대답했다.

"괜찮아, 누구에게나 연습의 시간은 필요하니까."

2장 인지 몰입

아이의 성장을 이끄는
+1의 법칙

수업 중에 나는 간혹 일부러 틀리는 것을 선택한다.

"숫자 238과 312중에서 238은 끝자리가 8이고… 312는 2니까… 238이 더 크다!"

내 말이 끝나기 무섭게 아이들은 옳다구나 하고 큰 목소리로 나를 가르친다.

"선생님 그게 아니고요! 백의 자리부터 크기를 비교해야 하잖아요!"

"맞아요! 238은 백의 자리가 2이고, 312는 백의 자리가 3이니까 312가 더 크다고요!"

238이 맞지 않냐며 우기는 선생님을 가르치겠다는 마음으로 하나 된 아이들이 더욱 목소리를 높였다. 한참 어른인 선생님을 이기고 가르치는 게 학생들에게는 상당히 매력적인 모양이다. 덕분에 학생들 입에서 그날 내가 가르칠 핵심 내용들이 술술 나왔다. 아이들의 머릿속에 배워야 할 것이 명확하게 자리 잡았음을 확인했으니 선생님이 틀렸다고 말하는 아이들의 타박이 싫지만 않다. 그리고 일부러 틀릴 때마다 열을 내며 목소리를 높이는 학생들이 귀여웠다. 한때 이 방법을 자주 써먹었더니 어느 날, 한 학생이 일기장에 이렇게 써왔다.

'우리 선생님은 모르는 것이 너무 만타. 내가 잘 알으켜 드려야게따.'

지루한 수학 시간에 선생님의 오류를 지적하는 짜릿함이 강요하지 않는 부드러운 자극이 되었고 신이 난 아이들에게는 자연스럽게 학습하고자 하는 의지가 생겼다. 학습이든 놀이든 의지가 없다면 어떠한 긍정적인 효과도 얻을 수 없다. 따라서 강요하지 않고 자연스럽게 아이들에게 의지를 심어주도록 하자. 바로, 한번 해볼 만한 가치가 있다고 느껴질 적절한 도전 과제를 제시하는 것이다.

현실적으로 달성이 가능한
목표 세우기

아이들이 모바일 게임에 열광하는 이유가 바로 여기에 있다. 처음부터 최종 보스를 쓰러뜨려야 한다면 몇 번 시도하다 어려워서 포기했을지도 모를 일이다. 하지만 내가 할 수 있는 쉬운 1단계부터 조금씩 단계를 높이며 차례차례 미션을 달성하게 되어 있다. 그러다 보면 게임 실력이 늘게 되고, 최종 보스를 만나게 되었을 때도 어렵지만 도전할 만하다고 느껴지니 흥미진진한 것이다. 게다가 퀘스트를 통과할 때마다 해냈다는 성취감이 얹어지고, 조금만 더 하면 성공할 수 있을 것 같다며 스스로 동기부여까지 하니 게임에 빠져들지 않을 수 없다. 모바일 게임처럼 아이들이 흥미롭게 도전할 만한 단계의 미션을 만들어주자.

나는 초등학교 3학년 때, 쉬는 시간마다 친구들과 삼삼오오 모여서 공기 놀이를 했다. 그리고 우리 반에서 공기 놀이를 제일 잘하던 아이를 이기고 싶었다. 그 아이는 멀리 떨어진 공기도 단번에 잡고, 딱 붙어 있는 공기도 하나씩 쏙쏙 잡았다. 집에 돌아와 혼자 방 안에서 공기를 연습했다. 공기를 딱 붙여놓고 옆 공기를 건드리지 않게 집어보기도 하고, 멀리 떨어진 공기를 잡기 위해 조금씩 거리를 벌려 가며 혼자만의 훈련에 몰두했다. 결과적으로 그 아이를 이겼는지는 기억나지 않는다. 하지만 그로 인해 나의 소근육 발달과 두뇌 활동에 영향을 주었을지도 모를 일이다. 분명한 것은 교사가 되어 우리 반 아이들에게 공기놀이를 가르칠 때 소싯적 실력을 마음껏 뽐낼 수 있었다.

에드윈 로크Edwin Locke의 목표 설정 이론은 목표가 동기와 행동에 영향을 미친다는 이론이다. 이 이론에 따르면 구체적이고 도전적인 목표를 세울 때 더 높은 성과를 얻게 된다. 의식적으로 설정한 목표가 특정한 방향으로 주의를 집중시키고 그 방향으로 노력을 쏟게 만드는 것이다. 이때 목표는 현실적으로 달성이 가능한 것을 구체적으로 정하는 것이 좋다. 그래서 나는 학기 초 학생들에게 한 해 이루고 싶은 목표를 구체적으로 적는 걸 제안한다. 책을 많이 읽겠다고 하지 않고 매일 책을 세 권씩 읽겠다, 줄넘기를 열심히 하겠다가 아니라 안 걸리고 줄넘기 50번 이상 넘겠다 같이 말이다.

목표를 구체적으로 설정하되, 취학 전 한글을 완벽하게 뗀다거나 영어를 유창하게 말하는 것을 목표로 해서 아이를 다그치지 말자. 강요라고 느껴지는 순간 아이들은 흥미를 잃어버리고, 도전하고자 하는 의지 또한 사라진다. 그 자리를 채우는 것은 반감뿐이다. 세심한 관찰을 통해 아이가 관심 있어 하는 것, 흥미롭게 도전할 수 있을 만한 과제를 함께 찾아보자.

너무 어려운 목표는 어차피 못할 게 뻔하니 하지 않겠다고 포기를 선언할 수도 있다. 반대로 너무 쉬우면 아이는 시시하다며 이내 흥미를 잃는다. 쉽게 달성하기 어려우면서도 도전적인 목표를 설정하는 것이 중요하다. 이는 더욱더 끈기 있게 노력을 기울이게 하고, 지속적인 성장으로 이어진다. 그렇다면 어느 정도가 적당한 걸까?

딱 한 단계만 더!

교육심리학자 레프 비고츠키 Lev Vygotsky 는 인간을 타인과의 상호작용에 영향을 받으며 성장하는 사회적 존재로 정의하며, 아이의 인지 발달에서도 교사와 학생, 학생과 학생 사이에서 이루어지는 사회적 상호작용이 중요하다고 주장했다. 그는 아이들이 현재보다 더 높은 발달 수준으로 올라갈 수 있는 발달 단계로 근접발달영역을 제안했는데, 이는 아이가 혼자서는 해결할 수 없지만 타인의 도움을 받으면 해결할 수 있는 정도를 의미한다. 그러면서 아이의 현 수준보다 한 단계 높은 수준이 교육에서 가장 효과적이라 했다. 아이의 수준에서 딱 1 만큼만 높여보자. 해낼 수는 있지만 약간의 노력은 필요한 정도가 좋다.

학생들과 발야구를 할 때, 처음부터 발야구 시합을 벌였다가는 교사도 학생도 혼란에 빠질 것이기에 첫 시간에는 홈과 1루만 둔다. 홈에서 발로 공을 차고 1루를 돌아 다시 홈으로 돌아오는 것이다. 아주 간단한 1루 발야구를 통해 아이들은 간단한 공격과 수비 방법을 익힌다. 다음 차시에는 2루를 추가한다. 1루에서 돌아 바로 홈으로 들어오던 것과 다르게 1루에서 한 번, 2루에서 한 번 멈추고 홈으로 들어오는 과정을 익힌다. 아무리 내가 공을 잘 차더라도 다음 선수가 공을 잘 차지 못하면 홈으로 갈 수 없기에 팀의 실력 향상을 위해 서로 도와가며 연습한다. 수비할 때도 상대 팀의 움직임에 따라 공을 1루, 2루, 홈으로 보낼지 달라져서 경기의 흐름을 읽는 것이 추가된다. 여기까지 익숙해지면 이제 드디어 3루가 추가된다. 지난 차시까지 쌓아온 공격과 수비의 경험이 있기에 3루가 추가되어도 어려울 게 없다. 오히려 경기다운 모습을 갖추어 가면서 아이들은 흥분하고 열광한다. 이제는 시합을 벌여도 혼란스럽지 않다. 오히려 흐름을 읽으며 전략을 더해가는 가운데 경기를 즐긴다.

학습에서도 마찬가지다. 난이도를 학생들의 수준에서 한 단계만 높여도 집중도가 다르다. "어려운데 재미있어!" 수학 문제를 풀다가 한 학생이 외쳤다. 다른 학생이 자기도 그렇다며 말을 보탠다. 힘들다 포기하면 어쩌나 내심 걱정했는데, 재미있다며 몰입해서 수학 문제를 푸는 걸 바라보니 흐뭇함을 넘어서 고맙기까지 하다. 도전적인 과제 앞에서 포기하기보다 어떻게든 해내려는 태도는 결국 아이를 성장으로 이끈다.

tip
이렇게 아이의 몰입을 도와주세요

서연이와 처음으로 윷놀이를 한 날, 처음에는 말 한 개만 가지고 길을 익혔다. 놀이가 익숙해질 때쯤 잡기 규칙을 추가했다. 쫓고 쫓기는 레이스에 심장이 쫄깃해진다. 그러다 말을 하나 더했다. 두 개의 말이 같은 위치에서 만났을 때 엎고 한꺼번에 움직이니 서연이는 쌍둥이라며 좋아했다. 점차 세 개, 네 개의 말로 늘어나니 자연스레 전략을 세우게 된다. 서연이는 말을 새로 달지, 있던 말을 앞으로 움직일지, 어떤 말을 움직일지 고민하다가 나름의 합리적인 이유를 근거로 결론을 내렸다. 이제 마지막으로 뒷도 규칙이 등장할 차례다. 서연이는 뒤로 한 칸 가야 한다는 규칙이 벌칙처럼 느껴지는지 영 못마땅해하는 눈치였다. 하지만 한 걸음 뒤로 물러나니 오히려 지름길을 만나게 되고, 첫 번째 도의 자리에서 바로 출구로 이어지기도 하니 뒷도도 어떻게 쓰이는지에 따라 승부수가 될 수도 있음을 알게 되었다.

놀이든 학습이든 더도 말고 덜도 말고 1만 더해보자. 한꺼번에 여러 계단 오르려다 넘어져 다치는 불상사를 부디 겪지 않았으면 좋겠다. 차곡차곡 성공의 경험을 쌓다 보면 자신감과 함께 실력은 저절로 늘어난다.

제3장

언어
몰입

책, 읽어주기에서
문해력까지

아이가 책에 몰입하는
부모의 읽어주기 방법

2020년 8월 15일, 휴일이어야 할 광복절이 토요일이라는 달갑지 않은 사실에 마음이 퀭해지던 때, 정부에서 8월 17일 월요일을 임시공휴일로 지정했다. 이후 '8월 15일(토)~8월 17일(월)까지 사흘 연휴가 결정되었다'가 보도되었고 '왜 3일인데 사흘이라 하느냐'는 댓글이 달려 화제가 되었다. 우리나라는 세계에서 가장 낮은 비문해율을 자랑할 만큼 글을 읽지 못하는 사람은 매우 드물다. 하지만 '현대 사회에서 일상생활을 해나가는 데 필요한 글을 읽고 이해하는 능력'을 뜻하는 문해력이 흔들리다 보니 순우리말로 3일을 뜻하는 '사흘'의 의미를 알지 못해 일어난 웃지 못할 해프닝이었다.

글을 읽고 이해하는 능력으로서의 문해력은 좀 더 넓은 의미로는 말하기, 듣기, 읽기, 쓰기와 같은 언어의 모든 영역이 가능한 상태를 뜻한다. 학습의 바탕이 되는 문해력 자체가 준비되지 않으면 이는 결코 공부머리로 이어질 수 없다. 수많은 정보를 탐색하고 수용해 내 것으로 만드는 공부머리의 기반인 문해력이야말로 내 아이의 평생 자산이다. 구어가 발달하고 난 후 자연스럽게 읽기와 쓰기 능력으로 이어지는 아이 발달 특성을 고려해 보았을 때, 듣고 말하기가 시작되는 영유아기에 문해력 또한 시작된다 해도 과언이 아니다.

문해력에 관심이 높아지자 소리 내어 읽어주기의 중요성이 두드러졌다. 많은 부모가 환한 얼굴로 함께 그림책을 바라보며 즐거워하는 모습을 머릿속에 그리면서 아이를 품에 안고 그림책을 소리 내어 읽어주기 시작한다. 하지만 기대와는 다르게 아이는 집중을 못 하고, 심지어 책 읽는 것을 거부하기까지 하니 당황스러워하는 부모가 많다. 내 아이의 탄탄한 문해력을 위해 책에 흠뻑 빠져 몰입하게 할 작은 차이를 더해보자.

온몸으로
소리 내어 읽어주기

〈유아 교육기관의 '몸' 활용 교수·학습에 관한 교사의 인식 및 실태조사〉에 따르면 유아 교사 200명 중 중 88.9%가 몸을 움직일 때 몰입이 잘 일어난다고 응답했다. 일상생활에서 유아들이 관계 맺는 대상에 대한 이해에 '몸'의 활용이 중요하다는 문항에도 84.2%가 그렇다고 대답했다. 이 조사는 신체적 움직임이 유아의 바깥 놀이, 산책, 체육뿐만 아니라 학습활동과 유기적으로 연결되어야 함을 강조하고 있다. 즉, 그림책을 소리 내어 읽을 때도 글자만 읽는 그림책 읽기에서 벗어나 온몸으로 그림책을 읽어주어야 한다.

그림책 읽는 시간을 즐거운 놀이처럼 생각할 수 있도록 그림책에 재미를 톡톡 더해보자. 더운 여름 시원한 팥빙수를 먹다 말고 서연이에게 뜬금없이 말했다.

"서연아, 팥빙수가 어떻게 처음 만들어지게 되었는지 알아?"

"몰라."

그림책《팥빙수의 전설》을 꺼내 읽어주었다. 아침 일찍 일어나 밭에 나갈 준비하는 할머니를 따라 어푸어푸 세수하는 흉내도 내고, 그림책 속 밥도 냠냠 먹는다.

"와, 수박 엄청 크다. 여기 큰 수박 엄마가 똑! 따야겠다."

"나도! 이건 내 수박 할래!"

"그래! 근데 서연아, 할머니 힘이 엄청 센가 봐."

"왜?"

"여기 봐, 할머니 머리에 수박 두 통 이고 간다!"

"진짜다!"

수박에 이어 참외는 껍질 까는 시늉을 하고선 한 입씩 사이좋게 나누어 먹는다. 그림책 속 딸기도 야무지게 따서 입에 넣는다. 밭에서 딴 과일들을 장에 내다 팔러 길을 떠나시는 할머니에게는 손을 흔들며 잘 다녀오시라고 인사도 전한다. 그러다 눈호랑이가 나타났다.

"맛있는 거 주면 안 잡아먹지."

눈호랑이가 새콤달콤한 딸기와 꿀처럼 다디단 참외, 수박을 먹는다. 맛있다며 신나게 춤을 추는 호랑이를 따라 엉덩이를 씰룩거리다 보니 흥이 절로 난다. 눈호랑이에게 계속 먹을 것을 내어줄 수는 없었던 할머니는 눈호랑이가 수박씨를 빼고 먹느라 시간이 걸리는 틈을 타 냅다 도망을 간다. 실랑이 끝에 뜨거운 팥죽을 뒤집어쓰고 녹아버린 눈호랑이 범벅이 팥빙수가 되었다는 전설과 함께 그림책 속 팥빙수와 식탁 위 먹다 남은 팥빙수를 번갈아 먹으며 맛을 음미한다. 재미있는 이야기가 더해지니 팥빙수가 더 특별해졌다.

온몸으로 그림책을 읽으며 이야기 속 주인공이 된 듯 모험을 떠나보자. 그림책에 미끄럼틀이 등장하면 손가락으로 미끄럼틀 타는 시늉을 하고, 주인공이 배에 타면 아이를 무릎에 앉히고 파도의 출렁임을 표현했다. 이렇게 적극적으로 그림책을 씹고 뜯고 맛보니 아이는 책 읽는 시간이 마치 놀이하는 시간처럼 느껴질 것이다. 그림책을 읽는 게 재미있는 놀이로 인식하게 된다. 그러면 아이는 "이 책도 읽어줘"라고 말하며 스스로 그림책 속으로 스며든다.

노래하듯이 소리 내어 읽어주기

〈올라가는 눈〉이라는 동요가 있다. 간단한 이 노래에 비밀이 숨겨져 있다. 뒷장의 악보를 보고 나지막히 노래를 불러보자. 노랫말처럼 '올라가는' 부분의 음은 점차 위로 올라가고, '내려오는' 부분의 음은 내려온다. 다른 노래도 마찬가지다. 동요 〈우산〉의 '이슬비 내리는 이른 아침에'에서도 비가 하늘에서 아래로 내리니 음도 점차 아래로 내려온다.

16세기 르네상스 시대 이탈리아 세속 음악의 장르인 '마드리갈Madrigal'은 언어에 따른 감정의 변화에 주목해 가사를 음악적으

동요 〈올라가는 눈〉의 악보

올 라 가 는 눈　내 려 오 는 눈

빙 글 빙 글 돌　아 서 여 우 눈

로 표현하려 했다. 루카 마렌치오Luca Marenzio 작곡가의 곡들 중 〈Solo e pensoso(홀로 생각에 잠겨)〉를 들어보면, 가사 '나는 느린 걸음을 세고 있네' 부분은 음표의 길이가 늘어나며 천천히 노래가 흘러가고 '달아난다' 부분은 짧은 음으로 노래한다. 가사의 내용과 감정을 음으로도 표현해 듣는 사람이 음악을 더욱 직감적으로 받아들이도록 작곡한 것이다. 이처럼 노래하듯이 그림책을 읽어보자. 계단을 오르거나 하늘로 날아오를 때, 기린의 목이 쑥 길어질 때, 음을 점점 높여보자. 반대로 땅속으로 파고드는 두더지는 하행하는 음으로 읽어보자. '올라가는'에서 엄마의 목소리가 점차 상행하니 아이는 올라간다는 의미를 직감적으로 이해하게 되고, '파고드는'에서 목소리가 하행하니 깊숙이 안으로 들어가는 의미를 자연스럽게 깨닫게 된다.

쉴 새 없이 노래하지 않는다. 쉼표를 만나면 잠시 쉬었다 가듯이, 그림책을 읽을 때도 쉼이 필요하다. 여우가 토끼를 잡으려는 긴박한 순간! 하나, 둘. 잠시 1~2초 정도 쉰 후 이어 읽자. 어느새 아이가 그림책 속으로 빠져들고 있음을 발견하게 될 것이다.

tip
이렇게 아이의 몰입을 도와주세요

목소리의 크기에도 변화가 필요하다. 부모들은 실감 나게 읽어준다며 중요한 부분은 큰 소리로, 그렇지 않은 부분은 작은 소리로 읽어준다. 하지만 교실에서 떠드는 학생들이 조용히 집중하는 때는 교사가 목소리를 낮추고 작은 목소리로 이야기할 때다. 큰 목소리로 말을 하다 갑자기 목소리를 낮추면 무슨 말을 하는지 듣고 싶어서 집중하는 효과가 있다. 특히 중요한 부분을 말할 때 이러한 목소리 크기의 변화를 주면, '이건 비밀인데…' 하는 것 같은 몰입의 효과가 있으니 적절히 활용하면 좋다.

아이가 유창해지는
부모의 읽어주기 방법

온몸으로 노래하듯이 다채로움 얹어가며 아이에게 열심히 그림책을 읽어준다. 흥이 슬금슬금 오르는 찰나, 아이에게 그림책을 읽어주다 나도 모르게 멈칫했다. 띄어 읽기를 잘못해 문장이 어색하다.

'아버지 가방에 들어가신다.'

어릴 적 하던 말장난이다. '아버지가 방에 들어가신다'를 제대로 띄어 읽지 않아 전혀 다른 의미가 되었다. 소리 내어 읽어주기도 마찬가지다. 제대로 읽어주지 않으면 아이는 전혀 다른 의미로 받아들일 수 있고, 아예 이해하지 못할 수도 있다. '나 물 좀 달라'고 말했는데 '나물 좀 달라' 했다며 콩나물을 가지고 왔을 때의 당황스러움이랄까. 부자연스러운 읽기는 아이에게도 고스란히 전해져 의문만 남길 것이다. 그렇다면 어떻게 해야 제대로 읽어줄 수 있을까?

띄어쓰기가 아닌
의미 단위로 끊어 읽기

초등학교 1학년 국어 시간에는 문장 부호에 따라 바르게 띄어 읽는 방법을 배우고, 2학년이 되면 의미 단위에 따라 끊어 읽는 방법을 학습한다. 의미 단위 끊어 읽기란 띄어쓰기가 아니라 단어들의 조합으로 구성된 의미 덩어리를 하나의 단위로 묶어가며 읽는 방법이다. 학창 시절 영어 공부를 할 때, 긴 문장을 이해하기 어려우니 적절한 의미 단위에 따라 빗금을 그어가며 독해했던 경험을 떠올려보자. 바로 그와 같은 방식으로 글을 읽는 것이다. 의미 단위로 묶어가며 글을 읽을 때 내용을 더욱 쉽고 정확하게 파악할 수 있을 뿐만 아니라 듣는 사람도 알아듣기가 보다 수월하다.

교실에서 수업할 때 학생들과 함께 의미 단위를 찾는다. 한 문장 내에서 주어부와 서술부로 나누어 약간 짧게 띄어 읽도록 한다. 주어부나 서술부가 복잡한 경우에는 구나 절을 단위로 띄워 읽으면 된다. 꾸며주는 말을 중심으로 의미 단위를 나누게 하면 학생들은 전보다 수월하게 이해하고는 의미 단위를 금세 구분하기 시작한다. 의미 단위를 구분 짓고 난 후에는 빗금으로 표시한 곳마다 띄어 읽어가며 글을 읽는다.

"손가락 연필 준비!"

"얍!"

수업의 재미를 위해 너스레를 떨어본다.

"어머, 열심히 공부했나 연필이 다 닳았네. 뾰족한 손가락 연필 준비!"

학생들은 두 손을 이용해 손가락 연필을 깎는 시늉을 한다. 별것 아닌 작은 재미에 미소가 번진다.

"쓱싹쓱싹 챙!"

손가락 연필이 준비되었다. 그릇에 말을 담듯 손가락 연필로 의미 단위마다 둥글게 짚어가며 글을 읽는다.

의미 단위 끊어 읽기 과정을 두세 번 반복하면 학생들은 의미 단위를 금세 구분하기 시작한다. 네다섯 번 정도 반복하면 빗금으로 쉴 곳을 표시하지 않고 손동작하지 않아도 의미 단위에 따라 곧잘 끊어 읽기를 한다. 지문이 길어져도 의미 단위에 따라 덩어리 끊어 읽기를 학습한지라 이해하는 데 큰 어려움은 없다. 의미 단위에 따라 끊어 읽기가 자연스럽게 습관이 되면 긴 글을 보기만 해도 짜증이 난다거나 읽고도 무슨 말인지 모르겠다는 말은 나오지 않는다. 문해력의 뿌리가 단단하기 때문이다.

누가 시작한 건지 모를 어색한 억양도 사라진다. '선생니임! 저-는 이렇-게 생각합-니다-' 같은 초등 특유의 어색한 억양이 사라지고 읽는 목소리가 한결 자연스러워진다. 발표할 때의 말투, 그림책을 읽을 때와도 연결되어 말하기와 읽기 유창성은 절로 향상된다.

따뜻한 햇살이 가득 든 거실에서 아이와 도란도란 책을 읽다 왁자지껄한 초등학교 교실이 떠올랐다. 어색한 쉼을 바로잡으려고 의미 단위마다 나누어 그림책을 읽어주었다. 적당한 쉼이 생기니 읽어주기가 한결 자연스럽고, 아이도 편하게 듣는다. 자녀에게 그림책을 읽어줄 때, 의미 단위마다 쉴 곳을 찾아 적절한 호흡으로 적절한 때에 쉬어보자. 그림책의 내용이 아이에게 자연스럽게 전달되며, 한층 풍성한 그림책 읽기를 경험하게 될 것이다. 처음에는 익숙하지 않다 보니 입으로는 읽느라, 눈은 앞부분을 먼저 스캔하며 적절히 끊어 읽을 곳을 찾느라 바쁠 것이다. 하지만 초등학생들도 몇 번만 하면 금세 해내었던 것처럼 익숙해지면 어렵지 않게 할 수 있다.

서연이는 글을 읽기 시작하면서 엄마처럼 그림책을 읽는다. 실감 나게 소리 내어 읽기도 하고, 의미 단위로 적절하게 끊어가면서도 읽는다. 어쩌다 얻어걸린 건가 싶어 아이가 읽는 모습을 자세히 관찰해보았다. 글자 읽는 것이 능숙하지 않아 주춤하게 되니 스스로 다시 바로 잡아가며 읽는다. 의미 단위로 끊어 읽기에 대해 직접적으로 설명해주지 않았지만, 엄마와 함께 그림책을 읽는 사이 자연스레 습득했음을 확신하게 되었다. 읽기 독립을 준비하는 초등학교 1~2학년 시기에는 의미 단위로 끊어 읽는 방법에 대해 가르치기에 적당하다. 하지만 4~7세 유아에게는 발달 단계상 아직 이르기에 이 시기에는 부모가 의미 단위로 끊어 읽으며 자연스럽게 아이에게 노출하는 것이 좋다. 그림책을 소리 내어 읽어주면 책의 내용뿐만 아니라 말하기와 읽기 유창성도 함께 전달된다. 가르치지 않아도 강요하지 않은 사이 부드러운 자극이 되어 고스란히 아이에게 전해진다.

지역 도서관에서 책을 고르고 있을 때였다. 뒤편에서 자녀에게 그림책을 읽어주는 한 어머니의 목소리가 들렸다. 엄마와 함께 신이 나서 그림책을 보는 아이의 모습에서 슬며시 미소가 지어졌다.

"아, 힘들다."

그림책을 덮으며 아이의 어머니가 말했다. 힘들다는 마지막 말이 무엇으로 인해서였는지는 모르겠으나 아이는 자기와 그림책을 읽는 시간이 엄마를 힘들게 한 것 같아 미안해하는 듯했다. 엄마의 피곤과 그림책 읽어주는 것이 설령 연관이 없었다고 해도 책을 덮자마자 호소하는 힘듦은 아이에게는 책의 재미를 반감시켰다. 하지 않았으면 좋았을 말이다.

아이의 눈은
그림을 읽고 있다

　그림책을 소리 내어 읽는다 하면 대부분의 부모는 그림책에 적혀있는 글자를 실감 나게 읽어주는 것을 떠올린다. 하지만 그들이 간과하고 있는 것이 있으니 바로 '그림'이다. 그림책은 그림만으로 또는 그림과 글이 상호작용하면서 이야기가 전개되는 책으로, 작가는 글뿐만 아니라 그림에도 메시지를 담는다. 그림책을 읽을 때 아이는 그림을 보며 눈으로는 작가의 메시지를 찾고, 엄마가 읽어주는 글의 소리를 더해 머릿속에 상상의 세계를 펼친다. 그러나 엄마는 읽기에 바쁘다 보니 아이는 아직 그림을 더 보고 싶은데 이내 책장을 넘겨 버린다. 결국 몰입의 흐름이 흩어진다.

아이들은 글에 눈을 떴어도 여전히 그림을 읽으며 의미를 찾는다. 더듬더듬 읽는 글보다 아직은 그림이 더 익숙하고 편하기 때문이다. 그림책 작가인 앤서니 브라운Anthony Browne 은 '모든 그림은 이야기를 담고 있다'라고 말했다. 그림이 글에 비해 더 많은 의미와 관계를 내포하며, 이야기 전개에 중요한 역할을 담당하니 그림을 허투루 넘겨서는 안 된다는 말이다. 게다가 그림은 볼 때마다 새로운 것을 발견하게 되니 보고 또 보는 재미가 있다. 읽는 사람에 따라 가지각색의 이야기로 해석되는 것 또한 흥미진진하다.

그러니 글을 다 읽었더라도 아이의 시선이 그림에 머물러 있으면 책장 넘기는 것을 잠시 미루고 아이의 시선을 쫓아 함께 그림을 읽기를 바란다. 그림마다 작가가 숨겨 놓았을 메시지를 함께 찾고 이야기를 나누자. 그림책을 즐기며 능동적인 독자로서의 경험을 쌓아갈 때 아이들의 문해력도 함께 자란다.

구체적으로 그림을 어떻게 읽어주어야 할지 막막하기만 한 부모를 위해 먼저 그림책에서 그림이 갖는 의미부터 알아보도록 하자. 그림에 대한 이해를 통해 그림책을 보는 시각을 넓히면 그림을 읽어주어야 한다는 부담을 내려놓고 자연스레 그림에 다가갈 수 있다.

그림책의 그림은 글이 펼쳐 나가는 이야기를 시각적으로 다시 보여주기도 하고 약간의 변형된 모습으로 이야기를 보충 설명하기도 한다. 그림책《오소리네 집 꽃밭》에서는 50년 묵은 밤나무가 뿌리째 뽑혀 넘어질 만큼 무서운 회오리바람이 불며 이야기가 시작된다.

"엄마, 회오리바람이 뭐야?"

서연이의 물음에 그림 속 바람의 흐름에 따라 손을 움직이며 말했다.

"뱅뱅 돌면서 아주 세게 부는 바람이야."

"회오리바람은 엄청 센가 봐. 여기 풀도 뽑히고 개구리도 날아가고 있어. 오소리 아줌마도 날아가요!"

글만 읽었을 때나, 그림만 읽었을 때나 두 개의 이야기가 크게 다르지 않지만, 글과 그림을 함께 보니 거센 회오리바람이 더 생생하게 느껴진다. 이처럼 글과 그림이 같은 내용을 반복한다는 개념으로 보기보다는 글과 그림을 함께 보았을 때 작가가 전하고자 하는 메시지를 온전히 감상할 수 있음에 초점을 맞추어야 한다.

글과 그림이 서로 대등한 위치에서 독자적인 역할을 하며 이야기를 풀어가기도 한다. 《달 샤베트》의 한 장면을 살펴보면 '앗!' 한 글자만 적힌 페이지가 있다. 한 글자로는 무슨 일이 일어났는지 알 수 없다. 그림을 보았을 때야 건물 전체에 정전이 되었다는 걸 이해할 수 있다. 이러한 그림책은 그림을 읽지 않으면 이야기를 제대로 이해할 수 없기에 그림을 보며 아이와 함께 자연스레 대화 나누는 것이 매우 중요하다. 그렇다고 이 색은 무슨 색인지, 몇 개가 있는지 등 정답을 확인하는 것 같은 질문을 던지지는 않기를 바란다. 보이는 것을 그대로 읽어주고, 또 아이가 읽는 것을 따라가며 함께 시선을 공유하자.

때로는 그림에 재미있는 비밀을 숨겨 놓기도 한다. 《선생님은 몬스터》그림책에서 주인공 바비가 보기에 커비 선생님은 몬스터 모습을 하고 있다. 장난꾸러기 바비와 이를 꾸짖는 커비 선생님의 관계가 고스란히 그림으로 표현된 것이다. 그러던 어느 토요일 아침, 공원에서 만난 바비와 커비 선생님은 어색한 대화를 나누다 바람에 날아가는 선생님의 모자를 바비가 되찾으며 관계에 변화를 맞이하게 된다. 작은 칭찬과 주고받는 대화 속에 심리적 거리감이 줄어든다. 그런 커비의 심리 변화는 그림책 속 선생님의 모습에서도 나타난다. 책 속 선생님의 모습이 몬스터에서 사람으로 돌아온 것이다. 선생님에 대한 바비의 마음을 선생님의 겉모습과 연결 지어 표현했다.

잰 브렛Jan Brett의 《털장갑》이라는 그림책도 살펴보자. 니키가 눈처럼 새하얀 털장갑을 하얀 눈 위에 떨어뜨려 잃어버리고, 동물들이 한 마리씩 따뜻한 털장갑 안으로 들어간다. 한 마리라도 들어갈 수 있을까 싶은 작은 장갑 안으로 두더지, 토끼, 고슴도치, 오소리 등의 동물들이 차례차례 들어간다.

"이 작은 장갑 안에 도대체 몇 마리나 들어간 거야? 이제 더 이상 못 들어가겠는데?"

"아니야! 더 들어갈 수 있어."

다음에 들어갈 동물이 궁금해질 때쯤, 눈을 돌려 오른쪽 페이지를 보면 다음에 등장할 동물들이 모습을 드러내고 있음을 알 수 있다.

"여기 봐. 이제 오소리가 들어갈 거야."

다음 이야기에 대한 예고편과도 같은 그림을 읽는 재미가 쏠쏠

하다. 궁금하고 내 생각이 맞는지 확인하고 싶기도 해 얼른 페이지를 넘기게 되니 이는 책을 끝까지 보게 하는 부드러운 자극이 되어 준다.

그림 읽어주는 법 4 :
글과 그림의 불일치를 찾기

영화 〈안녕 베트남〉에서 배경음악으로 루이 암스트롱Louis Armstrong의 〈이 멋진 세상에서What a Wonderful World〉가 흐른다. 음악으로는 이 얼마나 아름다운 세상인지 감탄하지만, 영상은 전쟁의 참혹함뿐이다. 전쟁통인 현실에서 아름다운 세상을 꿈꾸는 역설이 만나 평화에 대한 마음을 더욱 간절하게, 메시지를 더욱 극대화했다. 이처럼 그림책에서도 그림과 글이 전혀 다른 메시지를 담는 경우도 많다.

그림책 《알도》 속 '놀이터에도 가고 외식도 해. 정말 신이 나'라는 글과는 다르게 아이의 표정은 하나도 신나 보이지 않는다. 그림으로 표현된 현실 세계와 글로 표현된 아이의 바람이 의미를 증폭시키며 독자가 이야기에 더욱 몰입하도록 한다.

《로지의 산책》에서 글은 암탉의 이야기, 그림은 여우의 이야기를 보여주고 있다. 독자는 글로 전하는 암탉의 이야기와 그림이 전하는 여우의 이야기를 종합해 제삼자의 시선으로 이야기를 재구성한다. 작가가 흥미진진하게 구성한 그림책의 묘미에 읽는 재미는 배가 된다.

그림 읽어주는 법 5 :
마음으로 읽기

색감, 채도, 명도 또한 작가의 메시지를 담고 있다. 앤서니 브라운의 《고릴라》 그림책에서 주인공 한나는 아빠가 너무 바빠 항상 혼자 시간을 보낸다. 그림책 앞부분에서 한나의 빨간 옷과 아빠의 푸른 계열 옷 색깔은 시각적으로 대비되며, 한 식탁에 마주 보고 앉아 있지만 엇갈리는 시선을 통해 아빠와 한나의 심리적 거리를 느낄 수 있다. 어두컴컴한 방 안에 다소 괴기스럽게 그려져 있는 벽지의 모습은 홀로 쓸쓸한 주인공의 마음을 고스란히 보여준다. 그렇다고 그림을 보며 "한나가 어두운 방에 혼자 있네. 벽지를 봐봐. 한나 마음이 외로워서 한나 눈에는 이렇게 보이는 건가? 여기 한나의 마음이 어떨 것 같아?" 하며 아이에게 하나부터 열까지 그림의 모든 것을 설명하려 할 필요는 없다. 부모가 적극 개입해서 설명하는 과정을 거치면 아이는 부모의 설명 안에 사고가 갇히게 되니 스스로 그림을 읽고 이해하는 능력을 성장시킬 수 없다. 강요하지 않는 부드러운 자극으로 아이가 그림을 볼 충분한 시간을 주면 된다.

그래도 그림이 담고 있는 것들을 이야기하는 것은, 그림책을 대하는 마음이 아이에게 고스란히 전달되기 때문이다. 후다닥 책세 권 읽어주고 얼른 잠자리에 들자는 것이 아니라 그림책을 음미하고 향유하는 부모의 모습은 아이에게 좋은 모델이다. 그림책을 읽다가 아이가 말문을 열게 되었을 때 그림의 의미에 대해 아이와 대화하다 보면 훨씬 더 풍성한 대화를 경험할 수 있을 것이다. 그러니 이제 열린 눈으로 그림책의 그림을 바라보길 바란다.

그림 읽어주는 법 6 :
표지와 면지도 이야기하기

《슈퍼 거북》의 이야기는 면지에서부터 시작된다. 물론 읽지 않아도 이야기를 이해하는 데에는 어려움이 없지만 이 부분을 함께 읽었을 때, 스토리에 대한 이해는 더욱 깊어지며 재미도 배가 된다.《알사탕》역시 유사하다. 혼자 노는 것에 익숙한 동동이가 다른 친구에게 "나랑 같이 놀래?" 하고 먼저 말을 거는 것으로 그림책의 이야기는 끝나지만 거기에서 끝이 아니다. 책의 뒤 면지에서 함께 킥보드와 스케이트보드를 타는 모습이 이어지고, 뒤표지에서는 아파트 입구 앞에 킥보드와 스케이트보드가 함께 있는 장면으로 끝을 맺는다. 그냥 그림책 안에 모든 이야기를 담아도 상관없을 텐데 왜 표지, 면지에 많은 의미를 담은 걸까? 작가는 하고 싶은 이야기를 다양한 해석과 접근 방식을 통해 풍부하게 구성하고, 독자는 서사를 중층적으로 해석하게 되니 그림책을 즐기는 재미를 더할 수 있기에 그러하다. 작가의 숨겨진 메시지를 찾아 보물찾기하듯 그림책을 즐겨보자.

tip
이렇게 아이의 몰입을 도와주세요

그림책마다 그림을 읽어주는 법이 참으로 다양하다. 앞서 소개한 여섯 가지 방법을 숙지한다면 대부분의 그림책을 씹고 뜯고 맛볼 수 있을 것이다. 같은 그림책도 아래 여섯 가지 방법으로 다시 읽어보자. 이전에는 미처 발견하지 못했던 점도 찾아낼 수 있고, 아이의 감상도 다양해질 수 있다.
1. 글과 그림을 함께, 온전히 감상하기
2. 글에서 그림으로, 그림에서 글로 감상하기
3. 그림 속 숨은 메시지 찾기
4. 글과 그림의 불일치를 찾기
5. 마음으로 읽기
6. 표지와 면지도 이야기하기

독후활동,
꼭 해야 할까?

함께 그림책을 읽고 마지막 책장을 덮는다. 마음으로는 이제 잘 읽었으니 되었다 싶으면서도 독후활동으로 뭐라도 해야 하지 않을까 불안하다. 하자니 부담스럽고 안 하자니 나만 못 해주고 있는 것 같은 미안함에 결국 SNS를 찾는다. 독후활동 정보가 쏟아진다. 내 아이 또래가 만들어낸 멋들어진 작품이 눈에 띈다. 책에 대한 부모의 질문에 그럴듯한 답변을 주고받는 글들을 보니 내가 못 챙겨서 내 아이가 뒤처지고 있는 듯한 마음에 조급해진다. 해볼 만한 독후활동을 고른다. SNS에서처럼 그럴듯한 작품을 만들고, 사고를 여는 대화를 주고받으며 뿌듯함을 느끼고 싶은데 현실은 그렇지 않다. 뜻대로 따라주지 않는 아이에게 자꾸 이리 해보라, 저리 해보라 잔소리하게 되니 듣는 아이는 부담스럽다. 부모가 즐겁지 않은 독후활동이 아이에게도 즐거울 리 없다.

"선생님, 저 책 세 번 봤어요. 집에서 엄마랑 연습도 했어요."

독서 골든벨 대회가 유행하던 때가 있었다. 정해진 책을 일정 기간에 읽도록 하고, 읽은 책의 내용을 묻는 방식이다. 지정 도서와 대회 날짜를 공지하면 아이들은 누가 먼저 빌려 갈세라 얼른 도서관으로 달려가 책을 선점했고, 설렁설렁 읽던 평소와는 다르게 꼼꼼히 책을 읽었다. 자연스레 아이들은 내용을 잘 이해하게 되었고 기억하게 되었으며, 집중해서 읽는 독서는 아이들의 독해력 상승을 이끌었다. 하지만 이 방법은 독서의 즐거움을 주진 못했다. 대회가 끝나면 그만이었다. 대회 전까지는 손에서 지정 도서를 놓지 않던 아이들이 대회가 끝남과 동시에 거들떠보지 않았다. 오히려 이제 해방이라며 만세를 불렀다.

정답을 위해 암기하는 것 역시 문제였다. 예상 문제를 뽑아 답만 외워대기 바쁘니 독서가 주입식, 암기식이 되어버렸다. 능동적인 독자와는 거리가 멀다. 능동적인 독자는 글을 읽으며 나름의 해석을 거치고, 의미를 부여하며, 작가가 하고자 하는 말을 수용 혹은 비판하기도 하며, 새로운 생각을 얹어 재창조하는 과정을 거치기도 한다. 이러한 사고 과정으로 책을 읽으면 같은 글을 읽었음에도 감상은 독자마다 사뭇 다르다. 배경지식이 다양하고 가치관이 다르기에 당연하다. 정답을 찾는 독서 골든벨 형식의 퀴즈는 독자의 능동적인 사고를 제한한다. 나름의 해석 과정을 최대한 배제하고 출제자의 의도와 단편적인 지식 암기에 몰두하게 되니 아쉬움만 남는다.

그림책 내용을
일상으로 가져올 것

책을 읽는다는 것은 어찌 되었든 간접 경험이다 보니 직접 체험하고 느껴보는 활동으로 연결 짓는 것이 필요하다. 따라서 독후활동을 통해 독서와 체험 사이에 유의미한 연결고리를 찾아야 한다. 부모도 아이도 기꺼이 즐겁게 할 수 있는 독후활동은 활자로만 존재하던 이야기가 체험과 연결되며 아이의 사고를 확장한다. 그러나 현실은 부담스럽다. 책의 내용을 물어보는 건 잘 읽었는지 확인하는 평가가 되기에 독서를 즐기기가 어렵다. 쓱쓱 그림을 그리고 무언가 만드는 것도 마찬가지다. 시켜서 하는 것은 결국 과제가 되기에 아이에겐 달갑지 않다. 책을 씹고 뜯고 맛보며, 능동적인 독자로 책을 즐겼으면 그것으로 되었다. 굳이 뭘 만들고 확인하지 않아도 된다. 독후활동으로 인해 독서를 좋아하게 된다면 모를까, 부담만 가득한 독후활동은 결코 성장의 디딤돌이 될 수 없기에 가벼운 마음으로 함께 책 그 자체에 집중하길 바란다. 무언가를 더 얹고 싶다면 여기에도 강요하지 않을 부드러운 자극, 그 정도면 충분하다. 그림책이 삶으로 연결되는 자연스러운 이음이 중요하다.

"우리 조카들이 비만 오면 밖으로 나가."

오랜만에 만난 친구가 말했다. 그림책《구름빵》을 재미있게 본 조카들에게 비 온 후 나무에 걸려있는 구름을 주워 오면 구름빵을 만들 수 있다고 했더니, 비만 오면 구름 잡으러 밖으로 나간다는 것이다. 비가 내리면 누군가는 옷이 젖을까 걱정하고, 누군가는 지글지글 부침개를 먹고 싶다며 군침을 흘린다. 친구의 조카들은 비가 올 때마다 그림책《구름빵》을 떠올렸다. 비 오는 날 구름을 찾겠다고 온 동네를 돌아다녔을 아이들의 모습이 머릿속에 떠오르며 웃음이 났다. 구름 한 조각 발견하는 날에는 구름빵 맛을 볼 수 있다며 설렘 가득한 마음으로 홍시와 홍비처럼 하늘로 두둥실 날아오르는 순간을 꿈꾸었을 것이다.

샤워하려고 옷을 벗다 윗옷이 머리에 걸려 바둥대는 아이에게 "벗지 말 걸 그랬어"라고 한마디 툭 던진다. 그러면 서연이는 그림책《벗지 말 걸 그랬어》에 나오는 주인공처럼 바둥대며 장난을 쳤다. 엄마 말을 똑같이 따라 하는 서연이에게는 "너, *꼬꼬마 갈매기* 니?" 하고 말을 건넸다. 서연이는 냉큼 그림책《따라 하지 마!》에서 바다오리를 따라 흉내를 내던 갈매기들을 떠올리고는 *꼬꼬마 갈매기* 흉내를 내기에 열성을 다했다.

신생아 때부터 목청이 좋은 서연이는 속상한 일이 있을 때면 귀가 쩌렁쩌렁할 정도의 아주 큰 목소리로 울어댔다.

"룰라다!"

그림책《목소리 큰 룰라》의 주인공을 떠올리며 소리치면 서연 이는 "나는 룰라 아니거든! 룰라는 나보다 목소리 더 크거든!" 하 고 되받아치며, 목소리 큰 룰라가 어떻게 말했는지 그림책 내용을 고스란히 따라했다. 그러다 보면 자연스레 속상한 일도 잊고 함께 웃었다.

마트에서 장을 보다가 이것도 갖고 싶고, 저것도 사고 싶다는 아 이에게 그럴 수 없음에 대해 한참 이야기하니 나지막하게 말한다.

"도깨비방망이가 있었으면 좋겠다."

서연이가 먼저 얼마 전에 읽은《도깨비와 개암》속 도깨비방망 이 이야기를 꺼냈다. 나는 자연스럽게 맞받아쳤다.

"개암나무 열매 주워 다가 숲속 작은 집에 같이 가볼까?"

"개암나무 열매는 어디에서 주워?"

"숲속 작은 집 가는 길에 있겠지."

"빨간 도깨비가 도깨비방망이를 잃어버렸어."

"그럼 우리가 가질 도깨비방망이는 없는 거 아니야?"

"아니야, 거기 파란색도 있었고 노란색도 있었어."

그림책에서 보았던 그림을 자세히 묘사하는 말에 책을 제대로 읽었구나 싶었다. 책을 읽고 바로 확인하지 않아도 아이의 마음에는 그림책이 고스란히 남아있었다.

"앗! 그리고 보니 착한 나무꾼이 도깨비방망이 덕분에 부자가 되었다는 소식을 듣고 욕심쟁이도 도깨비방망이 얻으러 갔다가 혼쭐나서 오지 않았어?"

"맞아."

"우리도 도깨비방망이 가지러 숲속 작은 집 갔다가 도깨비한테 걸리면 어떻게 하지?"

"엄마, 우리 그냥 가지 말자."

심각해져 말하는 아이 표정에 슬그머니 웃음이 났다. 도깨비방망이를 간절히 바라는 아이의 마음을 엿보았으니 그냥 지나칠 수는 없어 사고 싶은 것 중에 딱 하나만 고르라 했더니 신이 나서 하나 집어 든다.

굳이 읽은 내용을 잘 이해하고 있나 확인하지 않아도 괜찮다. 며칠이 지나 우연히 꺼낸 책 이야기에 아이는 나보다 더 선명하게 그림책 속 장면을 떠올리며 술술 말했다. 그림책을 읽는 순간이 즐거웠으면 되었고, 그때 몰입했다면 충분히 집중해서 정독했다고 볼 수 있다.

그래도 제대로 잘 읽은 걸까 몸이 근질근질 한 때가 있다. 읽은 책에 대해 엉뚱한 말을 쏟아내면 나와 함께 보았던 그 책이 맞나 싶기도 하다. 문맥에 따라 책 속 어휘를 추측하는 과정에서 낱말의 의미를 제대로 이해하지 못한 부분을 확인하고 싶고, 오류가 있다면 바로잡아 주고 싶다.

"엄마, 홍길동 엄마가 종이야? 그럼 그리는 종이?"

서연이가 책을 읽다 말고 물었다. 과거 신분제도에 대한 이해가 부족한 서연이에게 '종'이라는 개념은 낯설기만 했고, 기존에 알고 있던 종이와 연결 지어 홍길동 엄마가 종이라는 엉뚱한 발상에 이른 것이다. 웃음이 나면서도 한편으로는 책의 내용을 제대로 이해하고 있기는 한 건지 궁금했다. 하지만 대화하다 보니 서연이는 이야기의 흐름은 충분히 이해하고 있었다.

아이들은 처음에는 그림책을 읽으며 낱말 하나하나에 집중하지 않는다. 이야기의 전체적인 흐름을 따라 읽는다. 그러다가 점차

'이건 무슨 뜻일까?' 하며 궁금한 게 하나둘 생겨나기 시작한다. 이어지는 엄마의 친절한 설명에 아이는 이야기를 더욱 촘촘히 머릿속에 채워나간다. 신분제 이야기가 얹어지며 상식의 폭 또한 넓혀간다. 책을 제대로 읽었는지 확인하는 법은 아이의 질문에 있다. 같은 책을 여러 번 읽는다고 왜 이 책만 보느냐고 뭐라 하지 않아도 된다. 재미있으니 또 보는 것이고, 여러 번 보면서 이야기를 채워가는 것이다. 그러다 자주 보는 글자가 익숙해지며 한글에도 눈을 뜨게 되니 읽고 싶어 하는 책을 원하는 만큼 충분히 보아도 괜찮다.

그림책 《장수탕 선녀님》 뮤지컬 공연에서는 유난히 부모의 웃음소리가 크게 들렸다. 어린 시절 엄마 손 잡고 목욕탕에 갔다가 덕지처럼 첨벙첨벙 물놀이하던 기억이 떠올라서였을 것이다. 한참 신나게 놀다 엄마에게 붙잡혀 때라도 밀리는 날에는 하나도 안 아프다는 엄마의 말과는 전혀 다르게 붉어지는 살갗을 바라보며 아프다고 쉴 새 없이 칭얼대었던 추억이 떠오르니 웃음이 절로 난다. 반면 코로나로 인해 대중목욕탕을 경험해본 적이 없는 서연이는 목욕탕도 글로 배운지라 재미는 있지만 딱 거기까지다. 《장수탕 선녀님》을 읽다 보니 서연이에게 목욕탕의 추억을 선물하고 싶었다. 뜨뜻한 온탕과 차가운 냉탕을 오가며 신나게 목욕을 즐기다 집에 오는 길, 요구르트에 빨대 꽂아 쭉 들이켜며 마주 보고 웃으면 더할 나위 없이 훌륭한 독후활동이지 않은가. 인상 깊은 장면을 그림으로 그리고 색 점토로 장수탕 선녀님의 모습을 만들지 않아도 책과 삶이 연결되니 아이의 마음에는 공감과 추억이 함께 싹튼다.

tip

이렇게 아이의 몰입을 도와주세요

어른이 되어 책을 읽을 때 독후활동을 하지 않았다고 해서 책을 제대로 읽지 않았다고 말하지 않는다. 읽은 책이 마음에 닿으면 그것으로 충분하다. 그 마음을 기억하고 싶어 누군가는 책 페이지마다 자기의 생각을 메모하기도 하고, 누군가는 블로그 등의 공간에 기록으로 남긴다. 지인을 만난 자리에서 "그 책 읽어봤어? 좋더라!"라며 대화의 물꼬가 되기도 한다. 모두 자발적으로 하는 것들이다. 아이들에게도 마찬가지다. 독후활동이 과제가 되지 않았으면 한다. 독후활동으로 인해 책 읽는 재미가 반감되지 않기를 바란다.

언어를 풍성하게
경험하는 방법

책과 삶의 연결고리는 독후활동에만 한정하지 않는다. 책으로부터 얻은 수많은 언어 자극이 내면에서 문해력으로 연결되어야 진정 문해력의 뿌리가 튼튼해진다. 따라서 아이의 삶 속에서 언어 자극이 살아 숨 쉬도록 부드러운 자극 툭 던져보자.

"근사해."

시도 때도 없이 '근사해'라고 말하는 서연이를 보고 남편이 왜 그런지 묻는다. 얼마 전 그림책을 읽다 '근사해'란 말을 알게 된 이후로 그 말이 마음에 들었는지 계속 써보는 것이라는 말에 남편이 알겠다며 고개를 끄덕였다.

다양한 언어를 제 의미에 맞게 사용하는 것이야말로 문해력이다. 말을 풍성하게 경험하기를 바랐고 아이의 경험은 엄마로부터 비롯된다는 생각으로 나의 말을 가꾸기로 했다. 그림을 그렸을 때 천편일률적으로 '잘했다'라고 칭찬하지 않기로 했다. '예쁘다', '멋지다', '훌륭하다', '근사하다', '보기 좋다' 등 다양하게 들려주었다. 아이 마음이 뾰로통할 때도 '속상하구나', '심술 났겠다', '왜 심통이 났을까?', '마음이 딱딱해졌구나', '마음이 불편하겠네' 등 여러 가지 표현을 건네주었다. 사과를 먹을 때도 마찬가지다. 빨간 사과, 달콤한 사과, 아삭아삭한 사과, 싱싱한 사과 등 다양한 꾸며주는 말을 통해 여러 표현을 경험하도록 했다.

한때 SBS 라디오 〈컬투쇼〉에 생활 속 색이름을 공모하는 프로그램이 있었다. 출연자와 청취자의 아이디어가 모여 대야 레드, 용달 블루, 옥상 그린, 마미손 핑크, 인절미 베이지, 양은 골드 등의 색이 모아졌다. 머릿속에서 사물이 갖는 특유의 색이 떠올랐다. 미세한 차이를 공감하며 웃음이 터졌다. 이에 힘입어 나도 서연이와 우리만의 색이름을 찾아보았다.

"와, 오늘 하늘은 제주도 바다 색깔이다!"

"서연아, 이 옷 어때? 루피를 닮은 분홍색이네."

이렇게 말을 하면 서연이는 맞장구를 친 적이 한 번도 없다. 하늘은 제주도 바다 색깔이 아니라 타요를 닮은 색이라 하고, 분홍색은 루피가 아니라 하츄핑을 닮았다 한다. 타요 블루, 하츄핑 핑크. 서연이 나이에 딱이다.

언어 자극은 자주 들려주었던 동요에서 시작된다. 태교할 때도, 육아할 때도 클래식을 들려주면 좋다고 하는데 클래식은 영 내 취향이 아니다 보니 고민 끝에 동요를 듣기 시작했다. 《뇌과학자 아빠의 기막힌 넛지 육아》 책에서 다키 야스유키는 어려서부터 음악을 경험한 아이들에게 소리를 구별하는 능력이 발달하게 되어 언어 발달에도 긍정적인 영향을 미친다고 말하고 있다. 그런 점에서 리듬이 단순 명료한 동요는 아이들에게 더할 나위 없이 좋은 교재인 셈이다. 게다가 대다수의 동요는 아이의 목소리로 녹음되어 있어 동요 속 내용에 쉽게 공감할 수 있다. 발음이 매우 명확하기에 듣기에도 편하다. 가사가 귀에 쏙쏙 잘 들려서, 듣고 따라 부르는 언어 자극이 자연스레 활성화된다.

갑작스레 딸꾹질이 나오면 뽀로로에 나오는 〈딸꾹질 왈츠〉를 불렀다.

"딸꾹딸꾹, 딸꾹질이 나면은 딸꾹딸꾹 멈출 수가 없어요."

멈추지 않는 딸꾹질에 다소 당황스러워하던 서연이는 노랫말에 슬며시 미소를 지으며 함께 따라 불렀다. 서연이가 새로운 시도를 하면서 여러 번의 좌절을 겪을 때면 옆에서 나지막히 〈'넌 할 수 있어'라고 말해주세요〉를 불러주며 노래에 응원의 마음을 실어 보냈다. 산책길에는 〈네잎클로버〉 노래를 자주 불렀다.

"깊고 작은 산골짜기 사이로 맑은 물 흐르는 작은 샘터에 예쁜 꽃들 사이에 살짝 숨겨진 이슬 먹고 피어난 네잎클로버"

노래를 부르다 보면 발걸음도 저절로 경쾌해지며 산책길이 더욱 즐겁다.

동요의 가사는 아이들 수준에 적절한 짧은 이야기 구조를 가진다. 〈아빠 힘내세요〉에서는 그토록 기다리던 아빠가 집으로 돌아온 상황이 그려지고 있다. 너무나 반가워 웃으며 아빠하고 불렀는데, 어쩐지 아빠의 얼굴이 우울해 보인다. 그런 아빠를 걱정하며 아이는 '아빠 힘내세요. 우리가 있잖아요'를 외친다. 사랑하는 자녀의 힘내라는 응원은 처진 아빠의 어깨를 솟게 한다. 노랫말이 유아의 생활이나 감정과 밀접하기에 아이들이 공감하기 쉽다. 반면 아기별이 잠시 내려왔다가 나비와 친구 되어 뿌리를 내렸다는 〈도라지 꽃〉은 아름다운 상상의 세계로 이끈다. 아름다운 선율에 담긴 가사를 따라 새로운 세상으로 공상의 여행을 떠나다 보면 창의력은 저절로 자란다.

동요는 말 자체가 예쁘기도 하다. 서연이에게 〈다섯 글자 예쁜 말〉을 불러주면 서연이는 감정을 잔뜩 담은 표정으로 입을 오물거리며 노래를 따라 불렀다. 노래를 마칠 때면 여지없이 다가와 꼭 안아주며 사랑을 표현했다. 노랫말이 고스란히 아이의 말 습관으로 이어진 것이다. 몇천 번을 불러도 더 부르고 싶은 어머니에 대한 사랑을 담은 〈내가 제일 좋아하는 말〉은 듣다 보면 눈물이 울컥 난다. 감성적인 선율에 어울리는 다정한 표현이 마음을 매만지니 마음으로 느끼고는 있었지만 어떻게 표현해야 할지 몰랐던 감정을 일깨우며 동요를 통해 새로운 표현을 배운다.

동요를 들려주기도 했지만, 그보다 부모의 목소리로 직접 동요를 불러줄 때 정서적인 교감을 더 나눌 수 있다고 생각하며 자주 동요를 불러줬다.

"토실토실 아기 서연이 나가자고 꿀꿀꿀. 엄마 아빠 오냐 오냐 알았다고 꿀꿀꿀."

아이의 이름을 넣어서 가사를 바꾸어 부르면 아이는 제 노래인 양 좋아했다. 그런 엄마를 따라 서연이도 머릿속에서 온갖 낱말들을 떠올리며 제멋대로 가사를 바꾸어가며 노래를 불렀다.

말을 이렇게도 저렇게도 바꾸기 시작하면 자연스레 말놀이로 이어진다. 서연이는 "목욕 해야지" 하는 엄마의 말에 "목욕 안 해야지" 하고 반대로 말하며 말놀이를 시작했다. '안'만 붙이면 반대로 된다고 생각해 온갖 말에 '안'을 붙이는 것이다.

"밥 먹자."

"밥 안 먹자."

"아이, 맛있다!"

"아이, 안 맛있다!"

그림책《고구마구마》를 읽은 후에는 온갖 말에 '-구마'를 붙여 말했다. "밥 안 먹구마", "안 배고프구마", "젤리 먹을 거구마"라고 말하며 깔깔대고 웃었다. 여러 해 전에 김준호 개그맨이 '안녕하십니까불이~', '반갑습니다람쥐!' 하며 치던 말장난이 남녀노소를 불문하고 유행했던 때가 떠올랐다.

그러다 할머니에게 수수께끼 책을 선물 받은 날, 서연이는 새로운 말놀이에 눈을 떴다.

"다 잤는데도 자꾸 자라고 하는 것은?"

"자라."

"바닷속에 사는 파리는?"

"해파리."

같은 소릿값을 갖는 말이 다른 의미로 이어지며 '아하!' 감탄하게 되는 수수께끼의 묘미를 알게 된 것이다. 수수께끼는 어휘력을 높이기도 하지만, 더 나아가 "겉은 보름달, 속은 반달인 것은?"의 정답이 귤인 것처럼 사물의 모양을 다른 것에 빗대어 표현하기에 관찰력과 창의성 또한 높아진다.

끝말잇기는 음소 구분이 어느 정도 된 후에 가능하다. 마지막 글자를 첫 글자로 가지고 와 이어지는 낱말을 머릿속에 떠올리는 것이 쉽지 않기 때문이다.

"기차 – 차표 – 표부리나(?) – 나비 – 비행기 – …"

'표'로 시작하는 말을 찾기가 어려웠는지 엉터리 낱말을 제멋대로 만들어 말한다. 그래도 괜찮다. 다음에 '표고버섯'이라 말하는 엄마의 말을 기억하고 떠올리는 가운데 어휘력 저장 창고가 풍성해지니 문제 될 것은 아무것도 없다.

음소 구분이 되기 시작하면서는 거꾸로도 말해본다. 아빠는 "빠아~", 엄마는 "마엄~"이라고 부르며 좋다고 키득댄다. "연서강"으로 맞받아친다. 엄마 이름을 거꾸로 하면 무엇일까 한참 동안 눈을 굴린다. 재미로 즐기는 사이에 음운론적 인식이 절로 성장하니 이런 장난은 언제든 환영이다.

디지털 시대에 문해력만 저하된 것은 아닌 건지, 예전 같았으면 알아서 잘도 찾아갔을 길을 가면서도 운전할 때마다 내비게이션을 켠다.

"직진입니다."

"엄마, 직진이 뭐예요?"

"앞으로 쭉 가라는 뜻이야."

남편이 말을 보탠다.

"곧을 직, 나아갈 진. 곧게 나아간다. 앞으로 반듯하게 가라는 의미야."

국립국어원에 따르면 〈표준국어대사전〉에 표제어로 한정해 추정했을 때 전체 44만여 개의 표제어 가운데 한자어가 약 60% 정도를 차지하고 있다고 한다. 한자어와 고유어가 결합한 복합어를 더하면 그 비율은 더 높아진다. 그러다 보니 우리말을 잘 이해하기 위해서는 한자에 대한 어느 정도의 이해가 뒷받침되는 것이 필요하다. 그러나 그동안 한글전용 정책의 시행과 필수 교육에서 한자를 제외하는 등 한자를 익히지 않은 젊은 세대가 증가하면서 의미를 제대로 이해하지 못해 어려움을 겪는 사람들이 늘고 있다.

그래서일까. tvN 〈유퀴즈 온 더 블록〉에서 성균관대학교 한문

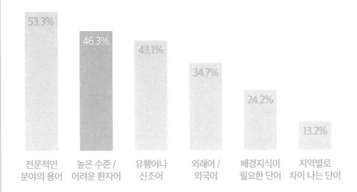

의미를 모르는 몰라서 곤란함을 겪은 말 (중복응답)

53.3% 전문적인 분야의 용어
46.3% 높은 수준 / 어려운 한자어
43.1% 유행어나 신조어
34.7% 외래어 / 외국어
24.2% 배경지식이 필요한 단어
13.2% 지역별로 차이 나는 단어

○ 국민의 89%는 신문 방송에서 나오는 말 중 의미를 몰라 곤란했던 경험이 있는 것으로 조사되었다.

출처: 국립국어원(2020년)

교육과 이명학 교수는 우리말을 정확하게 사용하기 위해서 점점 사라지는 한자 교육이 필요하다고 강조했다. 물론 한자를 교육하기 위해 한자를 반복해서 쓰고 외우며 학습 부담을 가중해서는 안 된다.

그저 단어가 문맥 속에서 어떤 의미인지를 이해할 수 있을 정도면 충분하다. 그래서 우리 가족은 일상생활에서 아이에게 새로운 단어 뜻을 풀이해줄 때 한자를 참고해서 알려준다. 알아들었는지 어떤지는 모르겠지만, 그렇다고 아이가 이해했는지 확인하거

3장 언어 몰입

나 한자를 보여주는 식의 강요는 하지 않는다. 강요하지 않는 부드러운 자극, 거기까지다.

말하고자 하는 바를 적확하게 표현하기 위해서는 그에 가장 어울리는 말을 찾아야 한다. 말 그릇이 커서 그 안에 풍성한 말을 품고 있는 사람은 그 과정이 그리 어렵지 않다. 말문이 트이고 폭발적으로 어휘력을 확장해가는 유아기는 그야말로 말 그릇의 크기를 늘리기에 적합한 때다. 부모가 아이에게 건네는 풍성한 어휘는 아이에게 더할 나위 없이 좋은 언어 자극이 된다. 동요와 말놀이를 통한 언어 자극은 말의 재미를 더하며, 한자에 대한 기초적인 이해는 우리말을 제대로 이해하는 데 도움을 준다. 말이 풍성해지니 사고력은 더욱 깊어진다.

글자를
세상과 연결 짓다

"엄마, 이거 서연이 할 때 연이다."

어린이집에 등원하면서 온갖 곳에 이름표를 붙이다 보니, 자기 물건을 찾으면서 제 이름이 눈에 익었나 보다. '서' 글자나 '연' 글자를 만나면 모두 다 제 이름인 양 반가워하며 목소리를 높였다. 그림책을 읽다가 수레가 어디 있는지 묻길래 나는 그림 속 수레를 가리켰다. 근데 서연이는 그게 아니란다. 수레를 묻기에 수레를 가리켰는데 수레가 아니라니. 잠시 혼란스러울 때, 서연이가 말했다.

"그게 아니고! 수레 글자 어디 있냐고!"

소리와 글자를 연결 짓다 보니 온 세상의 글자가 눈에 띄는지 서연이는 지나다 아는 글자를 만나면 큰 소리로 온갖 아는 체를 했다.

"'트' 어디에 있어요? 엄마 차에서 '로' 찾았고, 방금 지나간 차에 '보' 있었는데. '트'가 없어요."

알고 보니 지난번 남편과 함께 차를 타고 가다가 자동차 번호판을 보고 글자를 조합했는데, 로보트를 완성하지 못했단다. 힘을 보태주고 싶어 열심히 눈을 굴리며 이리저리 찾아보았지만 찾기가 영 쉽지 않았다. 마침내 '트' 글자를 발견했을 때 서연이는 기쁨에 환호했다.

글자에 관심이 커졌음을 어렴풋이 느낄 수 있었지만 한글을 일찍 알려주고 싶지는 않았다. 어차피 언젠가는 글자를 익히게 될 것이고, 글로 가득한 세상에서 살아가게 될 터이니 글자를 모르는 유아기의 세상을 마음껏 즐기기를 바랐다. 신의진의 《현명한 부모는 아이를 느리게 키운다》에서도 유아기에는 글자 하나를 아는 것보다 자신의 관점에서 모든 사물을 바라보고 자기만의 언어로 명명하는 능력을 키우는 것이 중요하다고 말한다. 문자를 모르는 만 3~5세 시기야말로 일생에서 가장 풍부한 상상력으로 세상을 제멋대로 바라보는 유일한 시기이며, 이 시기에 세상을 관찰한 경험이 창의성이나 문제해결력의 기반이 된다.

그렇다고 아이가 관심 있어 하며 묻는데 '아직은 몰라도 된다' 해서는 안 된다. 아이가 하고 싶어 할 때가 바로 적기이기 때문이다. 아이가 궁금해하는 것에는 성실하게 답을 해주어야 한다. 그렇다고 학습의 시기가 왔다며 섣부르게 학습지를 내밀지는 않길 바란다. 한글 학습지는 대부분 그림과 함께 커다란 낱말을 따라 쓰게 되어 있다. 우리 주변 모든 곳에 글자가 있고 다들 저마다의 의미가 있는데, 학습지에서의 글자는 유의미한 연결 없이 반복해서 쓰는 지루한 과정이기에 글자는 참 재미없는 것이라는 부정적인 사고로 이어질 수 있다. 자기의 생각을 표현하고 싶어 벽에 그림을 그리던 인류가 문자를 발명하고, 자기의 생각과 의도를 담아 전하던 것처럼 살아있는 글자를 접하게 해주어야 한다.

학습의 시작은
좋아하는 것으로부터

흥미에 의지가 더해지면 억지로 뭘 더 얹으려 하지 않아도 아이들은 자기의 길을 찾아간다. 발음하기도 힘든 공룡 이름을 줄줄 외워대는 것을 넘어서 어느 시대의 공룡이고 어떤 특징이 있는지 술술 설명하는 것처럼 말이다.

터닝메카드를 사랑하는 민석이는 받아쓰기할 때마다 진땀을 흘렸다. 교과서에서 이미 배웠고 집에서 부모님과 연습도 했지만, 눈에 띄는 진전은 보이지 않았다. 글쓰기 시간에도 민석이는 어떻게 써야 할지 묻느라 바빴다.

"선생님, 엄마한테 할 때 '테' 어떻게 써요?"

"테로할 때 '테'랑 같은 글자야."

민석이는 찰떡같이 알아듣고 자신 있게 글자를 적었다. 단자음, 단모음의 받아쓰기에서는 고전을 면치 못하던 민석이는 터닝메카드 캐릭터의 이름은 맞춤법 하나 틀리지 않고 척척 받아썼다. 그렇다고 캐릭터 이름이 받아쓰기 글씨보다 더 수월한 것은 결코 아니다. 겹받침, 겹모음 등 귀에 익숙하지 않은 글자들로 구성되어 있어 기억하기도 쓰기도 쉽지 않다. 좋아하다 보니 저절로 술술 외우게 되고 자주 보다 보니 글자가 눈에 익어 자연스럽게 습득하게 된 것이다. 이는 좋아하는 것에 깊이 몰두하는 사람들이 가지는 특징이며, 우리는 이들을 '덕후'라 부른다.

좋아하는 것에 자연스럽게 몰입한다

'덕후'는 본래 집 안에만 틀어박혀서 취미 생활을 하는 사람을 뜻하는 말로 사용되었으나, 지금은 어떤 분야에 몰두해 전문가 정도의 지식과 열정을 가진 사람이라는 긍정적인 의미로 사용되고 있다. 몰두! 전문가 같은 지식과 열정! 좋아하는 것을 할 때 얻게 되는 자연스러운 것들이다. 자발적인 배움이 가진 힘이기도 하다. 그러기에 학습지로 지금부터 공부하자며 책상 앞에 앉힐 것이 아니다. 아이가 좋아하는 것과 연결 지으면 그만이다.

서연이는 티니핑 덕후다. 차를 타고 장거리 이동을 할 때면 서연이는 티니핑 노래를 틀어달라고 했다. 똑같은 주제곡 음악을 열댓 번도 넘게 듣다 보면 질릴 법도 한데, 서연이는 반복해서 들으며 놓친 부분을 집요하게 채워가며 가사를 외웠다. 두 귀 쫑긋하고 반복해서 듣는 과정 중에 아이는 절로 집중했고, 듣는 능력은 자연스레 나아졌으며, 듣고 기억해 노랫말을 채워가는 가운데 기억력 또한 향상되었을 것이다. 티니핑 덕후를 위해 남편이 티니핑 캐릭터 색칠 자료를 출력해주던 날, 서연이는 신이 나서 춤을 추었다. 캐릭터만 오리는 것이 아니라 그 아래 한글로 적혀 있는 캐릭터 이름표도 오리더니, 어느 날에는 수많은 캐릭터를 주욱 늘어놓고 그 아래 한글 이름표를 짝짓고 있었다. 알고 하는 것일까 궁금해 한 번 읽어보라 했더니 무슨 핑, 무슨 핑 하며 술술 읽는다. 덕후질을 하다 한글에 눈을 떴다.

초등학교 들어가기 전 일곱 살 여름쯤에 한글 공부를 시작하면 되겠거니 했는데, 생각보다 너무 일찍 깨우쳐 기특하기도 하면서 당혹스러웠다. 통글자로 눈에 익혀서 그런 것일 수도 있겠다 싶었다. 하지만 덕후질로 시작한 한글과 그림책 읽어주기가 만나 시너지 효과를 일으킨 것인지, 여섯 살에는 긴 글도 술술 읽기 시작했다. 여기서 끝이 아니다. 제멋대로이지만 의미를 알아볼 수 있는 글을 끼적이기 시작하더니, 이내 겹받침까지 제법 정확하게 글을 썼다.

그저 좋아하는 것을 즐겼을 뿐인데 덤으로 한글을 알게 된 셈이다. 흔한 한글 학습지 하나 하지 않았다. 그러다 보니 한글에 대한 거부감도 없고 스트레스도 없다. 그저 길 가다 눈에 띈 한글을 읽으며 까막눈을 벗어났다는 기쁨을 만끽하고, 쓰고 싶은 것들을 끼적이며 말뿐만 아니라 글로도 자신을 표현할 수 있음을 배워간다. 그야말로 성덕(성공한 덕후)이 따로 없다.

tip
이렇게 아이의 몰입을 도와주세요

죽 늘어선 가게 간판, 마트 진열대에 있는 과자, 식당 메뉴판 등등. 주변이 온통 글자다. 이미 아이는 충분히 글자에 노출되고 있으니 아이가 좋아하는 것에서부터 시작해보자. 그저 좋아서 혹은 필요해서 자기 의지에 따라 쓴 글자는 살아있다. 살아있는 글자는 힘이 세다.

책을 읽어달라할 때
읽어줘야 하는 이유

"이것만 하고 읽어줄게."

식사 준비도 해야 하고, 설거지도 해야 하고, 청소도 해야 한다. 세탁이 다 되었음을 알리는 소리가 울리면 건조기로 옮겨야 하고, 그 이후에는 차곡차곡 빨래도 개어야 한다. 퇴근 후 지친 몸을 이끌고 육아하며 집안일까지 하다 보면 에너지는 금세 바닥난다. 집안일로 분주한 때 책을 읽어달라고 하니 반갑지만은 않다. 할 일이 산더미 같은데 자꾸 보채니 이제 슬슬 한글을 떼고 혼자 읽었으면 좋겠다. 아이는 기다린다. 엄마가 이것만 하고 읽어주겠다고 했으니까. 잠깐만 기다리면 될 것 같은데 엄마는 설거지를 끝내더니 또 다른 집안일을 시작했다. 엄마와 함께 재미있게 책을 읽고 싶었는데, 엄마가 자꾸 기다리라 하니 슬슬 책을 읽고 싶은 마음이 자취를 감춘다.

혼자 읽을 수 있어도
혼자서는 읽기 싫다

집안일과 육아 사이에서 고민하다 결국 터치펜을 들었다. 전원을 켜고 책 여기저기를 콕콕 누르기만 하면 책을 읽어주니 이런 요물이 따로 없다. 서연이도 마음에 들었는지 한동안 터치펜과 함께 책을 읽었다. 그 틈에 밀린 집안일을 하고 잠시 휴식을 취할 수도 있어 터치펜이 내심 고마웠다. 하지만 오래 가지 않았다. 신문물에 대한 호기심이 어느 정도 충족되고 나니, 서연이는 다시 엄마에게로 와서 책을 읽어달라고 했다. 터치펜을 내밀었지만 서연이는 엄마가 직접 읽어주기를 바랐다. **항상 같은 목소리와 같은 억양으로 책을 읽어주는 터치펜이 아니라 엄마 품에서 살을 맞대고 같은 장면에서 함께 웃는 시간이 좋은 것이다.** 혼자 먹는 밥보다 같이 먹는 밥이 더 맛있는 이유가 바로 여기에 있다. 혼자 먹을 때는 음식의 맛에 오롯이 집중할 수 있겠지만, 함께 먹으며 서로

맛을 공유하고 대화를 얹는 사회적 상호작용이 함께할 때 식사는 더욱 다채로워진다.

사회적 촉진 효과Social Facilitation Effect란 혼자보다 타인이 존재할 때 성과가 향상되는 것을 뜻한다. 이 용어를 처음 만든 이는 사회심리학자인 플로이드 올포트Floyd Allport다. 그는 실험 참가자들이 혼자서 또는 다른 참가자와 함께 앉아 과제를 풀게 했다. 그 결과 참가자들은 집단 상황에서 더 좋은 성과를 보였다. 1965년 로버트 자이언트Robert Zajonc는 사회적 촉진에 관한 활성화 이론을 발표하며 '다른 이들의 존재는 각성의 원인이 된다'고 밝혔다.

아이가 한글을 떼고 난 후 스스로 책을 찾아 읽는다. 그러다가도 엄마에게 가지고 와서 읽어달라고 한다. 글자는 읽더라도 내용을 이해하는 건 아직 어려워 그럴 수도 있다. 눈으로 그림에 담긴 작가의 메시지를 읽고 엄마가 들려주는 소리를 더하면 책 읽기는 혼자 읽는 것보다 쉽고 자연스럽다. 하지만 그보다 엄마와 함께하고픈 아이의 마음이 더욱 크다. 함께 책을 읽을 때는 엄마와 밀착하거나 품에 안겨있다. 다정한 엄마의 목소리는 달콤하다. 엄마와 책의 재미를 공유하다 보면 어떤 책을 읽어도 재미있다. 그림책에 숨겨진 그림이 때에 따라 다르게 보이기도 한다. 그날 눈에 띄는 그림 콕 집어다 이렇게 저렇게 이야기를 나누니 이미 읽었던 책이어도 의미는 새롭다.

아이가 책을 읽어달라고 하면 미루지 말고 바로 읽어주자 다짐했다. 설거지하다가도 거품 묻은 손을 닦고 책을 읽어주었다. 손으로는 머리를 말려주면서도 입으로는 책을 읽어주었다. 밥을 먹다가도 책을 읽어달라고 하면 한 숟가락 얼른 입에 넣은 후 책을 읽어주었다. 물론 이제는 식사 중에는 책을 읽지 않기로 약속했지만, 초기에는 언제든 읽고 싶다 할 때 함께 책을 읽었다.

한글 떼기가 아닌
정서 교감으로서의 책읽기

그렇다면 언제까지 읽어줘야 할까? 누군가는 초등학교 3학년 때까지라고 한다. 나는 아이가 원할 때까지라고 말하고 싶다. 아이가 엄마와 함께 읽기를 원할 때 '너 이제 글자 읽을 수 있잖아'라며 밀어내지 않았으면 좋겠다. 글자를 몰라서 함께 읽자는 것이 아니라 함께 하고 싶어 그러는 것이니 기꺼이 시간을 내어주었으면 좋겠다.

초등학교 4학년 국어 시간, 교과서에 수록된 《젓가락 달인》을 함께 읽었다. 젓가락 달인을 뽑는 결승전에 주인공 우봉이와 주은이가 맞붙게 되었는데 교과서에는 누가 이겼는지 나오지 않아 학생들이 무척 궁금해했다. 아쉽게도 학교 도서관에는 책이 없었다.

퇴근하자마자 곧장 지역 도서관으로 향했다. 도서관에는 단 한 권의 책만 남아있어서 학생들이 돌려가며 읽기에는 대출 기간이 부족하기에 매일 소리 내어 읽어주었다. 학생들은 손으로는 제 할 일을 하면서도 귀를 쫑긋 열고 이야기를 귀담아들었다. 중간중간 아이들의 리액션이 더해지니 읽을 맛이 났다.

"그게 끝이에요?"

책을 모두 읽고 마지막 장을 덮었을 때 아이들은 아니라고 말해달라는 간절함을 담아 물었다. 누가 이겼는지 나오지 않은 채 열린 결말로 끝맺었기 때문이다. 온갖 탄성이 흘러나왔다. 누가 이겼는지 알고 싶었는데 그 이야기가 쏙 빠져 있으니 속 시원하게 알려주지 않은 작가를 원망하기도 한다. 시키지도 않았는데 누가 이겼을지 토론이 이어진다. 오랜만에 누군가가 책을 읽어줘서일까, 다함께 책을 읽고, 호응하며, 사고를 확장했던 즐거운 경험 덕분일까. 이번 '온책 읽기'는 학생들의 기억에 오래 남을 것 같다는 예감이 들었다. 초등 4학년도 좋아하는 것을 보니 다시 한번 아이가 읽어달라고 하면 언제든 읽어줘야겠다는 생각이 들었다.

"근데 너무 힘들어요."

맞다. 힘들다. 그런데 운동할 때 가장 힘든 순간이 언제인지를 떠올려보자. 바로 운동할 채비를 하고 현관문을 열기까지다. 막상 운동하러 가면 기분 전환도 되고 역시 하길 잘했다는 생각과 함께 앞으로 꾸준히 해야겠다는 다짐도 이어진다. 책 읽어주기도 마찬가지다. 힘들지만 막상 책을 집어 들고 읽기 시작하면 나름 괜찮다. 때로는 엄마가 더 위안을 얻을 때도 있다. 그림책《엄마가 화났다》는 엄마의 '화'에 상처받은 아이들에게 건네는 화해와 위로의 메시지를 담은 책인데, 읽다 보면 아이에게 미안한 마음이 들어 절로 반성하게 된다.《우리는 언제나 다시 만나》를 읽을 때는 육아의 날들이 머릿속에 그려지며 마지막 장을 덮었을 때 눈시울이 붉어지고야 만다. 그림책 읽는 시간이 부모의 의무감이 아닌 함께 힐링하는 시간이 되었으면 좋겠다.

tip
이렇게 아이의 몰입을 도와주세요

엄마가 읽어주는 속도보다 자기가 읽고 이해하는 속도가 빨라지니 이제는 예전처럼 읽어달라 하지 않는다. 대신 같이 읽자고 말한다. 책 한 권을 펼쳐놓고 각자 눈으로 책을 읽는 것이다. 따로, 또 같이 책을 읽는다. 서로의 속도를 맞춰 가며 책장을 넘긴다. 그러다 한 사람이 키득대면 따라 웃는다. 42.195km의 마라톤에서 함께 뛰는 러닝메이트가 힘을 더해주듯 책을 읽을 때 아이의 독서 메이트가 되어주길 바란다. 아이의 독서에 힘이 실리며 책 읽기에 더욱 흠뻑 빠져들게 될 것이다.

아이의 관심사를
책으로 옮기는 방법

    책에 빠져든 몰입의 흐름을 지켜주고 싶어 그만 읽자고 할 때까지 읽어주기로 마음먹었다. 어느 날에는 전집 한 질을 다 읽느라 입에서 단내가 나고, 어느 날에는 똑같은 책만 계속 반복해서 읽은 적도 있다. 그래도 글밥이 그리 많지 않을 때는 할만했는데, 점차 글밥이 늘어나자 읽어주는 게 힘들어 슬슬 피하기 시작했다. 그렇게 읽어주기에 잠시 소홀해진 틈을 타, 책보다 다른 것이 재미있다며 밀고 들어와 자리를 차지해 버렸다.

    멈춘 그림보다 화려한 영상이 더 시선을 끈다. 휴대폰 게임은 흥미진진하다. 그러다 보니 책 읽는 것도 조금씩 뒷전으로 밀려나고 만다. 아이가 책 읽는 것을 좋아하고 원하다가도 부모가 잠시 소홀해지는 틈에 금세 우선순위가 뒤바뀌는 것이다. 꾸준히 책을 가까이하도록 하려면 결국 부모가 꾸준히 책을 소리 내어 읽어주는 수밖에 없다. 게다가 자라면서 아이들도 예전처럼 책을 끝도 없이 읽어달라고 하지는 않기에, 지나면 아쉬울 순간이라는 마음으로 인내심을 가지고 원하는 만큼 책을 읽어주자.

아이가 읽고 싶어 하는 책을 충분히 읽어주다 보면 저절로 아이가 어떤 분야에 흥미가 있는지, 아이의 요즘 취향은 어떠한지 알게 된다. 서연이는 한때 괴물이 나오는 책을 좋아했었다. 말로는 무섭다고 하는데, 하나도 무섭지 않은 괴물 이야기가 흥미진진했나 보다. 도서관에 가면 괴물 책 빌리자며 책장 여기저기를 기웃거리며 괴물이 등장하는 그림책을 골라잡았다. 그러다 어떤 때는 고양이, 어떤 때는 공주가 등장하는 그림책을 찾으며, 때마다 취향에 따라 다양한 그림책들을 즐겼다. 만약 공룡을 좋아하는 아이라면 공룡이 주인공으로 등장하는 그림책을 비롯해 공룡 지식 백과, 공룡 관련 과학 도서, 역사 도서 등으로 자연스레 길을 열어보자.

때로 아이는 한 권의 책을 반복해서 읽어달라 한다. 유난히 애정을 쏟아 보다 보니 그 책만 어느새 헤지고 닳는다. 그럼에도 아이는 그 책을 손에서 놓지 않는다. 재미있기 때문이다. 서연이는 《100층짜리 집》 책을 매우 좋아했다. 읽고 또 읽다가 시리즈가 있다는 것을 알게 된 어느 날, 서연이는 숲속, 하늘, 바다, 지하, 땅속으로 이어지는 100층짜리 집 시리즈를 모두 보고 싶다 졸랐고 나는 인근 도서관에서 빌려보자 했다. 그때만 해도 서연이는 도서관에 가는 것을 그리 좋아하지 않았다. 낯선 공간이 심리적으로 불편했던 모양이다. 하지만 좋아하는 책 《100층짜리 집》 시리즈를 빌리러 가자 하니 선뜻 좋다며 도서관에 갔다. 하지만 아쉽게도 인기 도서인 탓에 모든 시리즈가 대출 중이었다. 대기 예약을 걸고 집으로 돌아오던 날부터 서연이는 도서관에 가는 날을 손꼽아 기다렸다.

"엄마, 도서관에서 이제 책 빌리러 와도 된대요?"

"아직 연락 안 왔어. 문자 오면 제일 먼저 알려줄게."

기다림 끝에 대출이 가능하다는 문자가 오던 날, 서연이는 환하게 웃으며 얼른 도서관으로 가자고 내 손을 잡아끌었다. 며칠 후 《하늘 100층짜리 집》을 빌리러 도서관에 가고, 또 며칠이 지나

《바다 100층짜리 집》을 빌리러 도서관으로 가다 보니 서연이에게 도서관은 더 이상 낯설어 불편하기만 한 공간이 아니게 되었다. 도서관이 좋아졌다.

　아이가 좋아하는 책이 시리즈가 아니라면 작가로 이어보자. 서연이는 《구름빵》에서 시작해 《장수탕 선녀님》, 《알사탕》, 《달 샤베트》 등으로 이어가며 백희나 작가님의 그림책을 보았고, 독특한 일러스트가 눈에 띄는 에릭 칼Eric Carle의 그림책은 하나 집으면 줄줄이 이어 들고 와서는 읽어달라 했다. 주말에 에바 알머슨Eva Armisen의 전시회에 다녀왔을 때는 전시회 티켓과 팸플릿, 기념품들을 잘 보이는 곳에 두고는 그림책에서 같은 그림을 찾으며 숨은그림찾기 놀이를 즐겼다. 작은 관심에서 시작해 점차 폭을 넓혀가며 다독의 길로 들어선다. 원하는 것을 충분히 하다 보니 아이는 만족스럽다.

　반면 읽어달라고 하는 만큼 읽어주기의 원칙을 앞세우지 않는 때가 있다. 바로 잠자리 독서를 할 때다. 서연이의 잠투정은 책을 읽는 것이기에 잠자리 독서는 책 세 권으로 제한했다. 한 권만 더, 한 권만 더 외치지만, 읽고 싶은 책 세 권만 딱 골라서 침대로 가자 한다. (물론 때에 따라 네 권, 다섯 권 읽기도 하고 어떤 날에는 두 권만 읽겠다고 한다.)

　책의 권수를 제한해야 할 뚜렷한 이유가 있는 것이 아니라면 읽어달라고 하는 만큼 읽어주기를 바란다. 읽어달라고 하는 바로 그때, 읽어달라고 하는 만큼 읽어주자.

tip
엄마와 아이가 성장하는 몰입 육아 이야기

그림책 《우당탕탕 야옹이》 시리즈가 재미있다며 더 읽고 싶어 하는 아이를 위해 도서관에 갔다. 책을 찾았지만 찾던 그림책이 아니었다. 글밥이 꽤 되는 이야기책을 손에 들고 당황스러워하는 나와 달리, 서연이는 아무렇지도 않게 그 자리에 앉아 책을 읽었다. 《만복이네 떡집》을 읽던 날, 서연이는 도서관에 가서 떡집 시리즈를 잔뜩 빌렸고, 《고양이 해결사 깜냥》, 《전천당》 등 한 번 재미를 붙이면 다음 책을 스스로 찾아 읽었다. 좋았던 기억에 같은 작가의 다른 책을 찾아보기도 한다. 글밥이 많다고 무턱대고 책을 밀쳐내지 않는다. 한번 이야기책에 빠지기 시작하니 글밥에 개의치 않고 읽고 싶은 책을 찾아 읽는다.

글쓰기에
재미를 붙여주는 방법

"선생님, 몇 줄 써요?"

자기의 생각을 자유롭게 쓰다 보면 빈 줄은 알아서 차게 마련인 것을, 쓰기도 전부터 몇 줄을 채우면 되느냐는 질문이 반갑지 않다. 속마음을 감추고 그냥 쓰고 싶은 만큼 쓰라 한다. '오예!' 외치며 몇 줄 적지 않고선 다 썼다고 한다. 자신이 쓴 글을 친구들 앞에서 발표하고 난 후에는 '궁금해' 시간이 이어진다.

"어디 계곡이야?"

"거기에 물고기 있어?"

"또 뭐하고 놀았어?"

"다슬기 잡은 것은 어디에 담았어?"

"간식은 뭘 가지고 갔어?"

"뭐가 제일 맛있었어?"

"몇 시간 동안 놀았어?"

"모기 있어?"

지난 주말에는 계곡에 가서 물놀이했다는 주영이의 글에 '궁금해' 질문이 쏟아진다. 주영이는 친구들의 질문에 성심성의껏 대답했다. '궁금해' 시간 후에는 지금 한 말을 글에 보태자고 했다. '궁금해' 질문을 글에 담으니 글의 내용이 풍성해졌다. 몇 차례 '궁금해' 시간을 경험한 후에는 '궁금해' 질문이 없게끔 글을 써보자 했더니 더 이상 몇 줄 쓰면 되느냐 묻지 않는다. 스스로 궁금한 질문을 던져가며 글을 쓴다.

자기의 생각을 정돈해서 표현하는 과정은 매우 고차원적이기에 초등학생들도, 어른들도 글쓰기는 어려운 것이 매한가지다. 따라서 유아기 글 쓰는 것을 서두를 이유는 하나도 없다. 하고 싶은 말을 끼적이는 것으로 충분하다. 서연이는 반전된 모양새로 글자를 쓰기도 하고 'ㅊ'은 'ㅗ' 모자를 얹어 쓴 'ㅈ'으로 썼다. 맞춤법에 틀린 글자가 눈에 걸린다. 그렇다고 해도 '여기 틀렸잖아. 이렇게 써야지' 말하지 않는다. 맞춤법 교정하려다 영영 글쓰기에 흥미를 잃을 수 있기에 잘못된 글자가 눈에 걸리더라도 잠시 눈을 감는다. 그저 기회가 되었을 때 올바른 맞춤법으로 쓴 글자를 자연스럽게 노출하다 보니 어느새 아이도 글자를 바로잡는다.

편지를 주고받으며
글쓰기에 흥미를 느낀다

한동안 일이 바빠 집에 오기 힘든 남편이 필요한 약이 있다며 우편으로 보내 달라고 했다. 아빠에게 약과 함께 편지를 써서 보내자 하니 서연이는 아주 흥미롭다는 듯이 작은 책상 앞에 자리를 잡는다. 다른 종이에 글씨를 써주면 서연이는 따라 쓰는 건지 그림을 그리며 흉내를 내는 건지 모르게 색연필을 움직여 흰 종이 위에 흔적을 남겼다. 그렇게 서연이는 하얀 종이에 커다란 글씨와 그림으로 마음을 담아 편지를 썼다.

집 근처 작은 우체국으로 향했다. 편지와 약이 들어갈 만한 봉투 하나를 골랐다. 정성스레 주소와 이름을 적었다. 서연이도 내 이름 옆에 직접 자신의 이름을 또박또박 적었다. 뭔가 잘 써야 한다고 판단했던지 다른 때보다 아주 천천히 그리고 정확하게 자신의 이름을 썼다. 번호표를 뽑고 기다렸다. 기다리는 동안에도 서연이의 눈은 바쁘다. 커다란 소포 상자를 들고서 힘겹게 포장하고 있는 아저씨도 재밌고, 창구에서 우편물을 올려놓으니 숫자가 휘리릭 변하며 무게를 알려주는 저울도 신기하다. 길지 않은 시간 끝에 우리 차례가 왔다. 키가 닿지 않는 서연이를 번쩍 들어 품에 안고 우편물을 접수했다. 두 눈 크게 뜨고 호기심 가득한 눈빛으로 모든 과정을 지켜보는 서연이가 귀여웠던지 우체국 창구의 직원이 영수증과 함께 달콤한 사탕 서너 개를 건네주었다.

마음은 가볍게, 입은 달콤하게! 우리는 그렇게 집으로 돌아왔다. 그리고 다음 날, 편지에 감동한 남편의 목소리가 휴대폰 너머에서 구구절절 들려온다. 딸이 쓴 편지를 책상 제일 잘 보이는 곳에 두고 매일 볼 거라 하는 아빠의 말에 서연이는 멋쩍은지 그냥 웃는다. 편지를 보냈으니 이제는 받을 차례라며 아빠에게 답장을 주문했고, 기다림의 시간이 시작되었다.

그러다 지난 겨울, 사천으로 여행을 갔다가 아주 커다란 빨간 우체통을 발견했다. 그 옆에는 커다란 글씨로 '느린 우체통'이라는 설명이 적혀 있었다. 서연이가 마음에 드는 카드 하나 고르더니 알록달록한 나무 의자에 앉아 편지를 썼다. 그리고 서연이가 빨간 우체통에 편지를 넣으러 간 사이 남편이 드디어 답장을 썼다. 사천 바다 케이블카 각산 정류장에서 쓴 편지는 6개월이 지나 더운 여름의 초입에 전해졌다. 사랑한다는 마음을 꾹꾹 눌러 담은 엽서에서 묵직함이 느껴졌다. 공부하자는 목적으로 글을 쓰지 않는다.

마음으로 글을 쓰니 글쓰기가 재미있다.

"엄마, 휴대폰 좀 줘 봐."

어찌 알았는지 노란색 메신저 앱을 터치하더니 아빠에게 편지를 쓴다. 꼭 연필을 잡고 글을 쓸 필요는 없다. 아날로그 방식으로 글을 써보기도 하고 디지털 방식으로 글을 써서 마음을 전하기도 한다. 글이 살아있으니 되었다.

tip
이렇게 아이의 몰입을 도와주세요

"쓸 게 없어요"라고 말하는 학생과 대화를 나누었다. 아이는 묻는 말에 곧잘 대답했다. 중간중간 신이 나서 제 말을 더 얹기도 했다. 지금 한 말을 그대로 글로 적으면 된다고 했다. 쓸 게 없던 아이는 두 눈 동그래지며 "아하!" 하고 외쳤다. 입말을 따라 쓰다 보니 한 편의 글이 완성되었다. 쓰기도 결국 대화에서 시작한다.

제4장

자기
몰입

한 명의 인간으로서
생각하고, 고민하고, 주장한다

잘 자라고 있다는
증거

    우리 가족은 매일 함께 산책한다. 잠깐 바람 좀 쐬자는 의미이기도 하고, 반려견 겸이를 위한 시간이기도 하다. 겸이는 실외 배변을 하기에 매일 산책을 해야 하고, 산책길에서 두세 차례 변을 본다. 서연이는 모든 게 다 신기한지 변을 보는 겸이 옆에 쪼그리고 앉아 강아지똥을 구경했다. 숫자를 세기 시작하면서부터는 똥의 개수도 함께 세어가며 변을 보는 겸이 옆을 지켜주었다. 나는 겸이의 볼일이 끝나면 비닐봉지를 뒤집어 손을 감싸고 강아지똥을 얼른 집은 후 봉지 안에 담는다. 서연이는 그 손길이 신기했는지 말을 하기 시작하면서부터는 '내가, 내가'를 외쳐댔다. 똥 치우는 것도 내가! 똥 봉지 들고 가는 것도 내가! 버리는 것도 내가! 모든 걸 자기가 직접 해야 속이 후련한 듯했다. 육아휴직 후에 복직한 나를 만나면 선생님들은 으레 "아이 많이 컸죠?" 하며 인사를 건넸다. 평소 같았으면 간단히 호응하고 지나갔을 텐데, 그날은 괜스레 투정 섞인 말을 덧붙이고야 말았다.

"네, 그런데 요즘엔 자꾸 자기가 하겠다고 고집을 피워서 힘드네요. 강아지똥도 자기가 치우겠다고 그래서 얼마나 난감했나 몰라요."

"자기주장도 생기고. 아이가 잘 크고 있다는 증거네요!"

순간 '아이가 잘 크고 있다는 증거'라는 표현이 머릿속을 가득 채웠다. 아이가 발달 과정에 맞게 잘 자라고 있다는 의미로써 안심이 되었고, 잘 키우고 있다는 칭찬인 것 같아 기뻤다. 투정은 어디론가 사라지고 가벼운 발걸음으로 돌아서며 속으로 되뇌었다.

'자기주장이 생기는 건 아이가 잘 크고 있다는 증거!'

아이의 속도를
기다려줄 것

발달 심리학자 에릭 에릭슨 Erik Erikson 은 인간 생애의 발달 과정을 8단계로 구분해 단계마다 성취해야 할 심리적 발달 과업을 개

넘화했다. 이러한 사회심리학적 발달 이론에 따르면 유아기는 언어 및 운동 능력이 발달됨에 따라 적극적으로 외부 세계를 탐색하기 시작하는데 이때 유아는 무엇이든 스스로 해보고 싶어 한다. 엘리베이터를 탈 때 버튼을 항상 자기가 눌러야 한다고 고집을 피

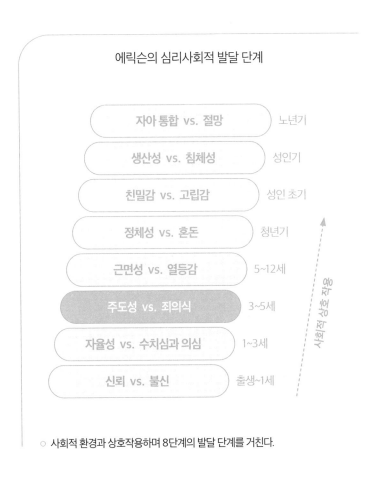

에릭슨의 심리사회적 발달 단계

자아 통합 vs. 절망	노년기
생산성 vs. 침체성	성인기
친밀감 vs. 고립감	성인 초기
정체성 vs. 혼돈	청년기
근면성 vs. 열등감	5~12세
주도성 vs. 죄의식	3~5세
자율성 vs. 수치심과 의심	1~3세
신뢰 vs. 불신	출생~1세

사회적 상호 작용

○ 사회적 환경과 상호작용하며 8단계의 발달 단계를 거친다.

우는 것은 스스로 하려는 의지가 강해지는 이 시기에 보이는 지극히 당연한 행동이다.

"엄마가 도와줄까?"

서연이는 단호하게 고개를 가로저었다. 지퍼를 자기가 스스로 잠그겠다고 고집을 피웠다. 작은 손을 아무리 꼼지락거려도 지퍼를 올리기는커녕 끼우는 것조차 되지 않으니, 이를 지켜보는 부모로서는 답답하다. 이미 늦었는데 이번에는 자기 힘으로 신발을 신겠다 한다. 발가락을 움직여가며 신발 안으로 발이 들어가는 것도 한참이다. 은근슬쩍 신발 뒤꿈치를 잡아주었다가 내가 할 건데 왜 엄마가 해주냐는 타박과 함께 신발을 도로 벗어버리고 처음부터 다시 시작하는 대참사가 벌어지기도 했다. 발달단계 상 스스로 해보고 싶어 하는 때라며 이해하다가도 어른의 손길로 후딱 해치우면 간단한 일이기에 순탄치 않은 과정이 달갑지 않았다. 하지만 에릭 에릭슨은 주도성이 형성되어야 할 유아기에 부모가 아이를 계속 제한하게 되면 아이는 해서는 안 될 것을 하겠다고 한 것인가 하는 생각에 좌절하며 죄책감이 형성된다고 보았다. 그러므로 유아기에는 위험한 것이 아니라면 스스로 해보는 기회를 주고, 기다려야 한다. 자기가 원하는 것을 적극적으로 주장하고 시도하며 아이의 주도성이 길러진다.

말이 쉽지, 치열한 육아 현장에서는 이게 제일 어렵다. 기다리자며 백 번, 천 번 속으로 같은 말을 되뇌지만 아무리 심호흡하며 마음을 가라앉히려 해도 성격 급한 나로서는 인내심이 바닥을 드러내며 얼굴이 붉으락푸르락해진다. 아이의 손놀림이 서툴러 한세월 지나는 듯해 답답하지만 그래도 괜찮다며 기다리자. 엄마 손길로 빠르게 해치우는 게 중요한 것이 아니라 아이가 해보는 경험이 중요하다. 해봐야 할 수 있는 것들이다. 우리 역시 그렇게 성장했음을 기억하며 내 아이에게도 좌충우돌하는 성장의 기회를 주길 바란다.

tip
이렇게 아이의 몰입을 도와주세요

《최고의 석학들은 어떻게 자녀를 교육할까》라는 책의 첫 장을 넘기다 '아이를 자신의 방식으로 걷게 하라. 그리하면 성장하면서 자연스럽게 자신의 길을 걷게 되리라'라는 문구에 마음을 빼앗겼다. 육아의 궁극적인 목표가 자녀의 건강한 독립을 돕는 것임에 비추어 생각해 봤을 때 성장하면서 자신의 길을 걷게 할 비법은 스스로 하도록 돕는 것에 있었다. 게다가 이는 부모들이 그토록 바라는 내 아이의 자기 주도적 학습 능력으로 연결된다. 유아기에 주도적으로 해보는 경험의 시간이 켜켜이 쌓여 훗날 자기 주도적 학습을 만든다. 자신의 방식으로 걷는 아이의 길이 나오는 달라 못마땅할 수도 있다. 하지만 그것이 새로운 세상을 여는 시작일 수도 있음을 기억하자.

엄마의 손길이 더해질수록
학습과 멀어진다

"선생님, 우리 아이는 도대체 언제쯤이면 알아서 공부할까요?"

공부 좀 하자고 하면 물 한 번 마시고 하겠다, 화장실 좀 다녀오겠다, 너무 졸리다…. 핑계 대기에 바빠 뭘 하기가 너무 어렵다며 여러 학부모가 답답한 마음을 털어놓는다. 꾸준히 공부하는 것이 중요하다 해서 매일 문제집 한 장씩만 풀자 약속하지만 이 또한 쉽지 않다. 세월아 네월아 꼼지락거리고만 있거나 반대로 대충 해치워버리느라 놓치는 문제를 다시 되짚어 주어야 한다. 그러다 보니 코로나로 인해 가정에서 온라인으로 학습하던 때, 집마다 부모의 스트레스는 극에 달했다. 스스로 공부하는 습관이 자리 잡혀 있지 않아 모든 학습 과정마다 부모의 손길이 필요했다. 학습에의 어려움은 고스란히 학력 저하로 이어졌다.

그렇다고 모든 학생이 어려움만 호소한 것은 아니었다. 일부 학생들은 오히려 자기 속도에 맞춰 필요한 학습을 할 수 있어 도움이 되었다고 말했다. 그로 인해 온라인 학습의 기간을 거치며 누군가는 제 성적을 유지하거나 오히려 향상되기까지 했다. 교육부와 한국교육학술정보원KERIS에서 발표한 〈코로나 19에 따른 초·중등학교 원격교육 경험 및 인식 분석: 기초 통계 결과를 중심으로〉 보고서에서 학생 간 학습 격차가 커졌다고 응답한 교사의 비율은 51,021명 중에서 79%에 달했으며, 그 이유로 '학생의 자기 주도적 학습 능력의 차이'(64.92%)를 꼽았다.

코로나19에 따른 학생 간 학습 격차 인식

매우
줄어들었다
0.22%

변화없다
17.64%

커졌다
46.33%

매우 커졌다
32.67%

줄어들었다 3.15%

○ 초중고등학교 교사 51,021명이 코로나19로 학생 간 학습 격차가 커졌다고 응답했다.

출처: 교육부, 한국교육학술정보원(KERIS)

혼자서도
해야 할 때

자기 주도적 학습이란 전체적인 학습 과정을 학습자가 자발적으로 이끄는 것을 말한다. 자신에게 잘 맞는 공부법을 찾아 부족한 부분을 채워가니 속도는 다소 더딜지 몰라도 공부머리는 점차 자란다. 초등학생 때 보통 정도의 수준을 유지하던 아이가 상위 학교로 진학하면서 두각을 드러내는 것이 바로 이러한 경우다. 흔히 초등학교 때 공부는 엄마가 얼마나 봐주느냐에 따라 차이가 난다고들 한다. 그러다 보니 자녀가 공부를 못하는 것은 부모의 책임인 것만 같아 최선을 다해 엄마의 손길을 더해본다. 하지만 학년이 올라갈수록 부모의 영향력 밖으로 벗어날 수밖에 없다. 이때 하나부터 열까지 부모가 챙겨주며 학습에 이끌려다닌 아이들은 제 손으로 해본 적이 없으니 어찌해야 할지 모르는 경우가 많다. 결국 부모가 챙겨줄 수 없을 만큼 어려워진 학습의 현실을 맞닥뜨리고는 좌절한다.

반면 어려서부터 스스로 공부를 하며 온갖 시행착오를 겪어본 아이들은 자기에게 맞는 공부법을 찾아낸다. 메타 인지를 활용한 자기 점검을 통해 부족한 부분을 보충하기에 적합한 문제집, 인터넷 강의, 학원 등을 주도적으로 선택한다. 부모가 하라고 해서 하는 공부와는 다르다. 어떻게 공부하는 것이 자신에게 효율적인지 경험을 통해 터득하게 되니 학년이 올라가며 학습이 어려워져도 헤쳐 나갈 힘이 있다.

〈자기 주도적 학습과 학업 성취도 간의 관계〉에서는 전국의 각 시도별로 중학교와 고등학교 24개교를 무선표집(무작위표집)해서 학교별로 2개 학급씩 임의로 선정한 1,006명을 대상으로 통계 분석했다. 분석 결과, 중·고등학교 학습자들의 자기 주도적 학습 능력이 높을수록 학업 성취도가 유의하게 높았다. 그렇다면 내 아이에게 어떻게 자기 주도적 학습 능력을 선물할 수 있을까? 학습자가 자발적으로 이끌어가는 학습이라고 부모가 두 손 놓고 너 알아서 하라고 할 수는 없다. 아이가 주도하되 올바른 방향으로 이끌어주는 것은 부모의 몫이다. 자기 주도적 학습으로 이끌어줄 강요하지 않는 부드러운 자극이 필요하다.

혼자서 해보려는 마음과 도전 정신

옛 선비들은 공부할 때 의관을 정제하고 자세를 바르게 했다고 하는데 고리타분한 옛이야기라 치부하기에는 본받을 점이 있다. 정신과 몸은 따로 떨어져 있는 것이 아니라 서로 연결되어 있기에 단정한 몸가짐이 곧 올바른 마음가짐이라는 점이다. 새 학년을 시작하는 3월 초, 기본 학습 훈련에 공을 들이는 이유가 바로 여기에 있다. 의자에 바르게 앉는 자세부터 시작해서 책상 속과 사물함 정리, 줄을 서서 이동하는 방법 등에 대해 차근차근 알려주고 연습도 한다. 교과 진도는 그다음이다. 초등학교 1학년은 학교에 첫발을 내딛는 만큼 약 2주 정도 적응 기간을 갖는다. 이때 학교에서의 생활 방식을 익힌다. 화장실과 급식실, 보건실, 도서실 등 학생들이 주로 이용하는 공간을 둘러보며 올바른 이용 방법에 대해 배운다. 낯선 학교에서의 생활이 익숙해지고 자연스러워진 후, 국어, 수학, 통합, 안전한 생활 등의 학습을 시작한다. 잘 자리 잡은 학교생활 습관이 학습으로 고스란히 이어지니 교사로서는 학급 세우기에 심혈을 기울이지 않을 수 없다.

유아기부터 스스로 자기 일을 해오던 습관은 이때 빛을 발한다. 1학년 민혁이는 자기 혼자 힘으로 등하교 할 수 있다는 것을 무척 자랑스러워했다. 수업 시간에도 무엇을 하든 '저 그거 할 수 있어요!'라고 말했다. 기대했던 것만큼 잘 해내지 못하더라도 선생님에게 도와달라는 말보다는 자기가 스스로 해보겠다며 힘을 쏟았다. 그렇다고 매사에 혼자 끙끙대며 속앓이하지는 않았다. 진짜 도움이 필요한 순간에는 선생님에게 도움을 요청했다. "선생님, 민지 아프대요", "상민이 화장실 가고 싶대요" 하며 옆 친구가 선생님에게 말해줄 때까지 안절부절못하는 여느 아이와는 달랐다.

4장 자기 몰입

초등학교에 입학하기 전 미리 준비해야 할 것들이 있다면 바로 이러한 것들이다. 우리 반 교실이 어디이고 자기 책상이 어떤 것인지 스스로 찾을 수 있어야 한다. 신발에서 실내화로, 실내화에서 신발로 갈아신을 수 있어야 한다. 선생님이 알려준 방법을 잘 기억해두었다가 책상 속과 사물함에 자기 물건을 정리할 수 있어야 한다. 화장실에서 스스로 뒤처리를 할 수 있어야 하고, 급식실에서는 젓가락을 이용해 스스로 밥을 먹을 수 있어야 한다. 도움이 필요한 상황에는 선생님에게 직접 말할 수 있어야 한다. 이는 일상에서 스스로 해내야 하는 것들을 아이가 혼자서 해보려 하는 마음가짐이 있을 때 가능하다. 무엇이든 스스로 해보겠다 하는 의지가 있을 때 어떤 학습도 가능하기에 무엇보다 할 수 있다는 자신감을 채우는 것이 중요하다. 유아기에 스스로 해보는 경험은 초등학교에서의 주도적이고 자발적인 태도로 이어진다. 스스로 하는 생활 습관이 자리잡혀 있을 때 학습에서도 주도적인 힘을 발휘해 자기주도적 학습 습관을 형성해 나가기 시작하며, 청소년기가 되었을 때 비로소 자기 주도적인 학습의 힘이 제 모습을 드러낸다. 유아기에 스스로 자기 일을 해나가던 생활 습관이 결국 초등 이후의 자기 주도적 학습으로 연결되는 것이다.

여기에서 끝이 아니다. 성인이 되어서도 자기 주도성과 자발성은 빛을 발한다. 학부모가 대학 교수에게 전화를 걸어 왜 우리 아이 학점이 이러느냐 묻는다는 것이 기사화된 적이 있다. 회사에도 부모가 전화를 걸어 우리 아이가 아파서 오늘은 출근이 어렵겠다고 한단다. 그 이야기를 들은 누구도 부모가 자녀를 참 살뜰히 잘 챙긴다며 공감하지 않는다. 어른 아이(사회적으로 독립심이 부족하고, 결단력이 없는 나약한 어른)로 키우는 세태에 씁쓸한 미소를 지을 뿐이다. 유아기부터 스스로 자기 일을 해나가는 경험이 차곡차곡 쌓였더라면 결코 볼 수 없는 모습이다. 육아의 궁극적인 목표가 자녀의 건강한 독립에 있음을 생각해 봤을 때 학습을 떠나 삶의 시간을 스스로 가치롭게 만들 수 있어야 하기에 자기 주도적인 생활 습관의 중요성은 아무리 강조해도 지나침이 없다. 그러므로 자기 주도적 학습을 논하기에 앞서 자기 주도적인 생활 습관부터 바로잡는 것이 중요하다.

초등 2학년 민서가 하교 후 다시 학교로 왔다. 항상 엄마가 마중을 나와 있었는데 그날은 오시지 않아 집에 갈 수가 없다고 했다. 부모님께 연락을 해봤지만 닿지 않았다.

"집으로 가는 길은 알고 있니?"

민서는 길은 알고 있지만 몇 동, 몇 호인지는 모르겠다고 말했다. "15층이에요"라고만 대답할 뿐이었다. 아동 명부를 찾아 주소를 확인하고는 민서와 함께 집으로 향했다. 민서네 집 아파트 1층에서 내일 만나자며 손을 흔들었다. 민서는 쭈뼛거리기만 하고 좀체 집으로 들어가지 않았다.

"저… 혼자 엘리베이터 타 본 적 없어요."

함께 엘리베이터를 타고 15층으로 올라갔다. 집 초인종을 누르니 부모님께서 급하게 나오셨다. 태어난 지 얼마 안 된 둘째를 돌보느라 시간 가는 줄 몰랐다고 하셨다. 그럴 수 있다. 하지만 아이의 건강한 독립을 위해 부모가 없으면 아무것도 할 수 없는 의존형 아이로 두어서는 안 된다.

아이 혼자 엘리베이터를 타고 현관문 비밀번호를 눌러 집으로 들어갈 수 있기를 바란다. 도서관에서 아이와 함께 서가 번호를 검색해도 책을 찾는 것은 아이의 몫이다. 영화를 보러 갔을 때 아이에게 좌석번호를 알려주고 좌석을 찾아보게 하는 것도 방법이겠다.

스스로 문제를 해결하는
아이의 차이점

교실 수업 중, 가위와 풀이 필요하다. 책상 속, 가방 속, 사물함 모두 찾아봤지만, 어디에도 없다. 당신의 자녀는 어떻게 행동할까? 교실에서 만난 대부분의 아이는 아래와 같이 세 가지 유형으로 나뉜다.

첫 번째 유형의 아이는 가만히 있는다. 가위와 풀을 찾는다. 풀은 있는데 가위가 보이지 않는다. 아무리 찾아도 가위가 없다는 사실을 인지하게 된 순간, 민서는 매우 당황스럽다. 교실을 둘러보다 아무것도 하지 않은 민서를 뒤늦게 발견한 교사 역시 당황스럽기는 매한가지다. 지금까지 뭘 하고 있었느냐는 질문에 민서는 "가위가 없어서요"라고 대답했다. 묻지 않았다면 한 시간 내내 아무것도 하지 않은 채 가만히 앉아 있었을 것이다. "가위가 없으면 어떻게 해야 할까?"라는 질문에도 눈동자를 이리저리 굴리기만 할 뿐 대답은 돌아오지 않는다.

두 번째 유형의 아이는 필요한 준비물이 없다는 것을 확인하고는 선생님에게 도움을 요청한다. 어떤 아이는 선생님에게 가위가 없다고 덤덤하게 말하고, 반면에 어떤 아이는 말하기 전부터 눈물이 그렁그렁하다. 아이를 다독이며 책상 속, 가방 속, 사물함을 다시 한번 잘 찾아보자 한다. 그래도 없다는 말에 선생님이 가서 한번 더 찾아본다. 정리되지 않아 찾지 못했던 가위와 풀을 기어코 찾아낸 선생님을 보고 머쓱하게 웃는 것으로 대부분 마무리가 된다. 그래도 없는 경우에는 교실에 준비해둔 여분의 가위와 풀을 사용하도록 가르친다.

세 번째 유형의 아이는 스스로 알아서 문제를 해결한다. 지우는 사물함에 가위와 풀이 모두 있었지만, 지난번 만들기 수업 때 풀을 다 쓴 것을 깜박하고 새 풀을 가지고 오지 않았다. 친구에게 빌려달라고 부탁하려다 필요하면 언제든 교실에 있는 여분의 풀을 사용해도 된다던 선생님의 말씀을 떠올리고는 풀이 담긴 바구니에서 알아서 가지고 와 사용했다.

교실에서는 첫 번째 유형의 아이들이 가장 많다. 가만히 있어도 누군가 알아서 해결해주던 경험이 많다 보니 이번에도 마찬가지로 도움을 기다리는 것이다. 두 번째는 그나마 울면서라도 도와달라 말하는데 첫 번째 유형은 문제 상황에 어떠한 적극적인 대처도 하지 않기에 발전도 더디다. 누구나 문제 상황에 맞닥뜨린다. 언제, 어디에나 문제는 있다. 그때마다 타인의 도움을 마냥 기다릴 수만은 없다. 울며 패닉 상태에 빠져 허우적대는 것도 안 될 일이다.

미래학자들은 4차 산업혁명 시대에는 이전의 인류가 경험했던 것과는 전혀 다른 미래가 경제와 사회의 모든 영역에 걸쳐 펼쳐질 것이라고 예상한다. 그러기에 아직 예측하기조차 어려운 불확실한 미래에 유연하게 대응하는 능력이 더 중요해지고 있으며, 이는 미래 사회의 인재를 양성하는 교육으로 요구가 이어지고 있다. OECD 2030 교육 프로젝트는 2030년에 성인이 될 학생들이 갖추어야 할 역량을 새롭게 규정하고 있는데, 그중 하나가 바로 문제 해결 능력이다. 기존의 지식을 습득하는 것이 중요한 것이 아니라 새로운 상황에서 끊임없이 마주치게 될 새로운 문제를 해결할 수 있어야 한다. 그러기에 스스로 해보는 자기 주도적인 경험이 중요하다.

"문제가 있으면 풀어봅시다. 생각해보면 못 풀 문제 없지요."

〈똑똑박사 에디〉에 나오는 '에디의 문제풀이송'이다. 나는 이 노래를 참 좋아한다. 노래에 등장하는 문제를 시험 문제로 한정하지 않기 때문이다. 살면서 당혹스러운 문제 상황을 맞닥뜨릴 때도 생각해보면 못 풀 문제는 없다. 문제 상황은 누구에게나 달갑지 않은 것이 당연하다. 머리를 싸매고 고민해봐도 뾰족한 해결 방법을 찾기 어려울 때 스트레스가 극에 달한다. 그럴 때 눈물, 콧물 쏟으며 당황하기보다는 슬기롭게 대처할 힘이 필요하다. 내 아이를 문제 해결의 힘을 가진 아이로 키우고 싶었다. 누군가 문제를 해결해줄 때까지 기다리는 것이 아니라, 스스로 어떻게 하면 문제 상황에서 벗어날 수 있을까를 고심하고 행동했으면 좋겠다. 가벼운 마음으로 대수롭지 않게 문제를 헤쳐 나가기를 바랐다.

아이가 걷기 시작하면서부터 넘어져도 크게 호들갑 떨지 않겠다 다짐했다. 서연이는 걷다가 넘어지면 나를 보았다. 아무렇지 않게 괜찮다며 일어나라 손을 잡아주니 정말 아무렇지 않다는 듯이 일어났다. 리듬감 있게 "손 탁탁!"이라 말하는 엄마의 말을 따라 작은 손을 야무지게 탁탁 털면 그만이었다. 울지 않는 아이를 무릎에 앉히고 혹시 크게 다친 곳은 없는지 살핀다.

"넘어졌는데도 씩씩하게 일어났네. 잘했어. 우리 서연이 어디 불편한 곳 있어?"

나의 물음에 아이는 어느 날에는 무릎이 아프다고도 하고, 또 어떤 날에는 배가 아프다고도 했다. 별다른 상처가 없음을 확인하고는 두세 번쯤 아픈 곳을 문지르며 다정하게 말했다.

"시간 지나면 금방 괜찮아질 거야."

시간 지나면 괜찮아진다는 말처럼 실제로 시간이 지나야 아무렇지 않을 일이다. 넘어져서 아픈 것은 크게 다쳐 이상이 있는 것이 아니라면 시간이 지나면 통증은 사라지게 마련이다. 무릎이 까져 약을 발라주게 되더라도 상처가 아물 때까지의 기다림이 필요하다. 마땅히 거쳐야 할 기다림을 아이가 '대수롭지 않게' 넘기길 바랐다.

숲을 걷다가 서연이가 넘어졌다. 마음에 드는 새 옷을 꺼내어 처음 입었는데, 넘어지면서 바지에 온통 흙이 가득 묻어 손으로 털어도 잘 털리지 않았다. 아파서가 아니라 옷이 더러워져서 속상해하는 아이에게 대수롭지 않게 말했다.

"괜찮아. 빨면 다시 깨끗해져."

놀이할 때도 마찬가지다. 블록 놀이를 했을 때다. 아주 높은 집을 만들겠다고 위로 쌓는다. 그러다 무게 중심이 흐트러진 블록이 무너지고 말았다. 애써 쌓은 블록이 쓰러지니 속상할 만하다. 여지

없이 서연이의 표정이 일그러진다. 그럴 때도 나는 대수롭지 않게 말한다.

"쌓다 보면 쓰러질 수도 있지 뭐. 다시 쌓으면 돼."

가위로 종이를 오린다. 잘 오려낸 예쁜 모양을 엄마, 아빠에게 선물하고 싶었는데 오려서는 안 될 부분을 실수로 잘못 잘랐다. 이미 잘라낸 종이를 다시 되돌릴 수 없기에 속상함은 더욱 커진다. 그럴 때도 나는 대수롭지 않게 말한다.

"괜찮아, 테이프로 붙이면 되지."

대수롭지 않게 말한다고 해서 아이의 모든 욕구를 대수롭지 않게 치부해버린다는 뜻은 아니다. 아이의 건강이나 심리 상태 등과 관련해 대수롭지 않게 넘겨서는 안 될 일들이 분명히 있기 때문이다. 또한 어른의 시각으로는 별일 아닐지 몰라도 아이에게는 발달 단계상 별일인 묵직한 것들도 여럿이다. 여기에서 '대수롭지 않게'는 일이 뜻한 대로 되지 않았을 때 좌절의 상황에 너무 오래 머무르지 않도록 가벼이 하자는 의미다. 다시 빨면 되고, 다시 쌓으면 되고, 테이프로 붙이면 된다는 의외의 간단한 방법이 지금의 상황을 나아지게 할 것이라는 응원이기도 하다. 좌절에 대한 심리적인 부담감은 덜어주되 이렇게 해보자는 방향 제시를 통해 문제 상황을 긍정적으로 해결해나갈 수 있도록 충분히 경험하게 하자. 살면서 맞닥트리게 될 곤란한 문제를 대수롭지 않게 스스로 풀어가는 힘이 차곡차곡 쌓이길 바라는 마음으로. 노랫말처럼 생각해보면 못 풀 문제는 없다.

tip
이렇게 아이의 몰입을 도와주세요

서연이가 물을 쏟았다. 가만히 있었다. 서연이는 손으로 바닥에 흘린 물을 만져보더니 손으로 문지르기 시작했다. 나름 닦고 뒤처리하는 중이었다. 슬며시 휴지를 내밀었고 서연이는 휴지로 물기를 열심히 닦았다. 누군가가 알아서 해결해주겠지 하는 마음으로 아이들이 가만히 있지 않으면 좋겠다. 나름의 방법을 생각해서 물기를 닦아내든 재미있는 놀이를 만났다는 듯이 첨벙첨벙 장난을 치든 무엇이든 아이가 생각해서 실행에 옮길 시간을 주었으면 한다. 가만히 있어야 할 사람은 아이가 아니라 부모다.

처음부터 끝까지,
아이로부터

　우유 팩, 택배 상자, 휴지 심, 음료수병. 만들기 수업을 위해 준비물로 재활용품을 가지고 오도록 했다. 교실 문을 열고 들어서자마자 학생들은 가방에서 재활용품을 꺼내 자기가 무엇을 가지고 왔는지 자랑하느라 바쁘다. 민석이는 깜박하고 준비물을 가지고 오지 않았음을 알아채고는 얼굴에 당혹스러움이 가득하다. 가방을 내려놓기도 전에 선생님에게로 와서 민석이는 씩씩대며 말했다.

　"엄마가 준비물을 챙겨주지 않아서 못 가지고 왔어요."

괜찮다는 다독임과 함께, 준비물은 엄마가 챙겨주는 것이 아니라 스스로 챙기는 것이라 했지만 민석이는 분노에 찬 목소리로 또박또박 말했다.

"엄마가 안 챙긴 거예요."

앞서 이야기한 세 가지 유형과는 다른 새로운 유형이 등장했다. 학교에 준비물을 가지고 오지 않은 민석이는 '엄마가 챙겨주지 않아서'라고 말했다. 스스로 준비물을 챙겨보자는 당부의 말에도 아이는 여전히 억울하다는 표정이었다. 엄마 탓으로 돌리는 핑계 가득한 말이 달갑지 않았다. 내가 해야 하는 일임에도 불구하고 나의 책임으로 인식하는 것이 아니라 엄마가 할 일이며 엄마가 책무를 다하지 않았으니 나에게는 잘못이 하나도 없다는 논리에 할 말을 잃었다. 여기에서 끝이 아니었다. 일이 순탄하게 흘러가지 않을 때마다 민석이는 항상 엄마 탓을 했다. 도서관에 제때 책을 반납하지 않아서 연체된 것도 엄마 때문이고, 받아쓰기 연습을 하지 않은 것도 엄마가 너무 늦게 퇴근해서 할 수 없었다고 한다. 준비물을 가지고 오지 않은 것이나 과제를 하지 않은 것보다 자기가 스스로 해야 하는 일에 대한 책임 의식이 부재한 것이 더욱 안타까웠다. 자기 할 일이라는 마음가짐이 있었더라면 그래서 자기 전에 알림장 한 번 들춰보았더라면 준비물과 과제는 잊지 않고 챙겼을 것이다.

자기 주도성은 도전하며 주체적으로 자신의 삶을 이끌어가는 역량을 말한다. 이를 위해서는 스스로 선택하고 실행하고 책임질 수 있어야 한다. 어려서부터 나와 관련된 것들을 스스로 하는 경험은 자기 주도적인 역량의 토대가 되며 이를 실행하고 책임지는 과정을 통해 아이는 삶의 주도권을 움켜쥘 수 있다.

"이제 준비물 챙겨주지 마세요. 저녁에 알림장 확인해보라는 말만 해주세요."

학부모 상담 중에 조심스레 말을 꺼냈다. 민석이 어머님은 그러다 준비물을 혼자서만 가지고 오지 않아 난처해하면 어쩌나 걱정하셨다. 선생님에게 싫은 소리를 듣게 될까도 염려하는 듯했다. 곤란한 상황으로부터 내 아이를 보호하고 싶은 게 부모의 마음이다. 하지만 민석이는 자기 할 일을 스스로 하지 않았을 때 어떤 불편함이 있는지 직접 겪으며 시행착오를 겪을 필요가 있었다. 언제까지 부모가 하나부터 열까지 다 챙겨줄 수만은 없지 않겠느냐는 말에 민석이 어머님은 고개를 끄덕이고는 그러겠노라 대답했다. 민석이는 그 후로 매일 저녁 엄마가 연필을 깎아 필통에 넣어주던 것을 스스로 하기 시작했다. 필요한 준비물을 챙겨서 가방에 넣는 것도 더 이상 엄마가 아닌 민석이의 손을 통해서였다. 걱정했던 것처럼 큰 불편은 없었다. 때로 준비물을 챙기지 못할 때도 있었지만 다음에 잘 챙겨보자며 다독이니 민석이는 선뜻 고개를 끄덕였다.

부모의 입장에서 쉽지 않음을 안다. 나 역시 그렇기 때문이다. 나의 경우에는 아이가 스스로 밥 먹을 때까지 기다리는 것이 정말 힘들다. 특히 아침에는 출근 시간의 압박으로 인해 얼른 먹으라 다그치며 먹여주기에 바쁘다. 그걸 알아서인지 서연이는 스스로 숟가락을 들 생각이 없다. 가만히 있으면 엄마가 알아서 먹여주니 입만 쩍쩍 벌리면 될 일이다.

"언제까지 밥 먹여줄 거야? 이제 스스로 먹게 두어야 하지 않을까?"

남편의 바른 소리에 마음이 콕콕 찔렸지만 툴툴거리는 대답이 먼저 나온다.

"나도 아는데. 그게 그렇게 쉬운 줄 알아? 애 굶겨서 유치원에 보낼 순 없잖아."

말을 하면서도 나와 민석이 어머님이 다른 게 무언가 싶어 얼굴이 화끈거렸다. 스스로 먹게 두자 다짐했다. 스스로 하지 않아 겪게 되는 불편함도 배움이라며 마음을 다잡았다. 평소보다 터무니없이 적은 양을 먹고 유치원에 간 첫날, 서연이는 하원길에 이렇게 말했다.

"엄마! 유치원 밥이 엄청 맛있어요. 나 오늘 두 번 먹었어요."

그 후로도 서연이는 밥을 스스로 먹기도 하고 그렇지 않기도 했다. 갑작스러운 변화는 아이에게 거부감을 일으킬 수 있기에 '오늘부터 스스로 밥 먹어라!' 선언하지 않고 조금씩 스스로 하도록 했다. 밥은 먹여주더라도 반찬은 스스로 먹어보았다. 그러다 자기가 좋아하는 메뉴가 차려진 날에는 말하지 않아도 알아서 잘 먹더니 점차 '내가, 내가'를 외치며 스스로 먹기 시작했다. 조금씩 스스로 하는 범위를 넓혀가니 아이도 제 몫을 스스로 해내기 시작한다. 나의 할 일이 내 것이라는 생각이 자리 잡으며 책임감도 자란다. 스스로 해나가는 경험이 가진 힘이다.

아이를 향한
이로운 포기

반대로 제멋대로 하겠다고 고집을 부려 버거울 때도 있다. 옷을 입을 때 특히 그러하다. 작아진 옷을 입겠다고 고집을 부리기도 하고 계절에 맞지 않는 옷을 입겠다고 하니 그럴 때마다 참 난감하다.

4학년 지은이의 옷차림은 항상 독특했다. 때로는 보자기 같은 천을 랩스커트처럼 두르고 학교에 오기도 했고, 어떤 때는 엄마

스카프를 가지고 와 목에 둘렀다 머리에 얹기도 했다. 체육대회가 있던 날 지은이는 곱게 한복을 입고 등교했다. 평소처럼 수업하는 날이었으면 그냥 두었을 것이다. 하지만 이번에는 그럴 수 없었다. 체육 활동을 하기에 적합한 옷차림은 아니기에 얼른 집에 가서 체육복으로 갈아입고 오라 했다. 지은이는 멋쩍은 듯 웃었다. 학부모 상담할 때 지은이 어머님께 넌지시 이야기를 꺼내니 한숨부터 터져 나왔다.

"제가 아무리 말해도 도통 듣지를 않으니 어떻게 해야 할지 모르겠어요. 네가 창피하지 내가 창피하냐는 마음으로 이제는 그냥 포기했어요."

한국인 최초 이탈리아 밀라노 패션 디자인 유학생이었다는 패션 디자이너 장명숙은 자신의 저서《햇빛은 찬란하고 인생은 귀하니까요》에서 옷 잘 입는 법에 대해 말하며 자신에게 어울리는 것을 찾기 위한 시행착오를 거쳐야 한다고 했다. 처음에는 당연히 어색하겠지만 점차 자라며 색을 조합하고 옷의 재질에 따라 어울리는 옷을 찾아가며 자신을 표현할 수 있는 옷맵시에 대한 감각이 자라난다. 어른이 되었을 때 어울리지 않는 옷차림으로 주목을 받는 것보다는 어려서 온갖 시행착오를 겪는 것이 나을 테니 때로는 살짝 눈감아주는 것도 괜찮겠다. 이는 스스로 해보는 경험을 넘어서 아이의 취향에 대한 존중이기도 하다. 부모 속 터트려가며 겪은 시행착오를 통해 훗날 세계적인 패션 디자이너로 거듭날 것임을 믿어보자.

tip
이렇게 아이의 몰입을 도와주세요

"엄마 때문이야!"

뜻대로 잘되지 않거나 실수했을 때 서연이는 엄마 때문이라고 말했다. 불편한 감정을 온전히 감당하기 힘드니 엄마 때문이라 한다. 그 안에는 엄마가 이 불편한 상황으로부터 자신을 구해주길 바라는 간절함이 담겨 있다.

"엄마가 도와줄까?"

아이의 짜증이 잦아들며 마음이 편안해졌을 때 말 한마디 더 보태었다.

"엄마 때문이라고 하지 말고 '엄마 도와주세요' 하고 말하면 좋겠어."

도움이 필요한 상황에서 도움을 요청하는 것은 잘못이 아니다. 스스로 해결이 어려운 상황에서마저 시행착오이니 네가 알아서 하라 하면 아이의 좌절감만 커진다. 이럴 땐 따뜻한 손 내밀어주되 그 과정에서 아이가 주도적으로 하도록 길만 터주자.

온 힘을
다해보기

"선생님, 따 주세요."

급식 시간에 부식으로 뚜껑을 돌려서 여는 음료수가 나오기라
도 하는 날에는 여기저기에서 따달라는 목소리가 터져나온다.
1학년 아이들은 아직 악력이 약하기에 그럴 수 있지만 이는 1학
년만의 상황이 아니다. 5~6학년이 되어서도 여전히 뚜껑을 따달
라고 말하는 학생을 볼 때면 이쯤 되면 스스로 해야 하는 것 아닌
가 하는 생각이 스멀스멀 올라온다. 그러기에 나는 열어 달라는
말에도 순순히 열어주지 않는다. 직접 해보라 한다.

"정말 안 열린다니까요?"

안 열린다는 걸 증명하기 위해 여기 보라며 손으로 뚜껑을 꽉 잡고 힘있게 돌려본다. 스르르 뚜껑이 열린다. 머쓱한 표정도 잠시, 선생님에게 도와달라 부탁한 것은 잊은 채 자기 힘으로 뚜껑을 열었다며 신이 나서 자리로 돌아간다. 아무리 해도 안 된다는 것을 증명해 보이려고 온 힘을 다하다 보니 아이러니하게도 되었다. 뚜껑을 열지 못했던 것은 최선을 다했다고 생각했겠지만 이만하면 되었다며 거기까지라고 판단했기 때문이다.

그 와중에 참견하며 "저요! 제가 해볼게요! 저 할 수 있어요"라며 나서는 아이들이 있다. 지난번 집에서 부모님도 못 열었던 뚜껑을 자신이 열었다며 자신감이 넘쳐흐른다. 해내든, 해내지 못하든 실패에 대한 두려움보다 시도해보고자 하는 적극적인 태도에 슬그머니 미소가 지어진다. 물론 여럿이 달려들어 힘을 모아도 정말 되지 않을 때가 있다. 그럴 때면 잠긴 부분이 살짝 풀어질 정도로만 도와준다. 아이가 할 몫은 어찌 되었든 남겨둔다. 불친절한 교사라 할 수도 있다. 그러나 이 정도의 불친절은 필요하다는 것이 나의 생각이다. 아이가 해야 할 몫까지 다 해주는 친절함을 교육이라 포장하고 싶지 않다. 아이의 문제 상황을 쉽고 빠르게 해결해주는 것이 중요한 것이 아니라 시간이 오래 걸리더라도 아이가 스스로 온 힘을 다해보도록 돕는 것이 중요하다.

유아도 마찬가지다. 나는 서연이가 우유를 먹고 싶다고 하면 직접 까보라고 한다. 바나나 껍질이 잘 안 까진다며 헛손질하고 있을 때도 도와달라 말하기 전까지는 일단 그대로 둔다. 양치할 때도 입안 구석구석 깨끗하게 닦는 것은 서연이가 할 일이다. 아이의 서툰 칫솔질에 내 손으로 마무리하고 싶지만 참는다. 서연이가 도움을 요청하지 않았을 뿐만 아니라 내 손길이 닿는 순간 서연이가 한 것이 아니라 내가 한 것이 되기 때문이다. 잘했든, 잘하지 못했든 아이가 온 힘을 다해 양치했으니 그러면 잘한 것이다. 오은영 박사는 충치가 생길까 봐 걱정하는 부모에게 스스로 제대로 할 수 있는 것을 배우는 과정에서 시간이 오래 걸릴 수밖에 없음을 이야기하며 그래서 만 6세가 되면 영구치로 교체되는 것이라 말했다. 무엇이든 해보라 하자. 온 힘을 다해 볼 수 있도록 조금씩 스스로 하는 범위를 넓혀보자. 아이가 도와달라며 손을 내밀더라도 한 번에 올라설 수 있는 사다리 말고, 작은 디딤돌이 되어주자. 스스로 온 힘으로 해내는 힘, 바로 몰입이다.

재능보다 혼신의 노력이 더 중요하다

학습에서도 온 힘으로 해내는 힘이 필요하다. 수학 문제를 풀다 보면 어려운 문제를 당연히 마주칠 수밖에 없다. 선율이는 고민을 거듭하며 스스로 문제를 풀어본다. 틀리면 다시 생각하고 선생님이 넌지시 건네는 힌트를 참고해 기어코 제힘으로 풀어낸다. 반면 상현이는 어렵다고 판단한 순간부터 문제를 풀 생각이 없다. 친구들을 향해 "나 좀 도와줘!"라는 말이 앞선다. 도움의 손길에 익숙해지면 어려운 고민의 과정을 거치려 하지 않는다. 색종이를 접는 것도, 교과서 붙임 자료에 있는 주사위 만드는 것도 조금만 어렵다 생각하면 바로 포기해버리고는 도와달라 말한다. 쉽지 않은 과제를 고민 끝에 어떻게든 해내는 과정이 바로 학습이고 배움임을 생각했을 때 스스로 노력하는 시간의 생략은 결국 성장으로 이어지기에 한계가 있다. 자신에게 주어진 과제를 온 힘을 다해서 해내고야 말겠다는 의지가 필요하다. 문제를 해결하는 방법에는 여러 가지의 길이 있기에 안 되면 다른 길을 찾아봐야 한다. 이 방법, 저 방법을 떠올리며 온 힘을 다해 고민하고 수정하고 다시 시도하는 과정이 모두 배움이며 그 가운데 문제 해결 능력은 향상된다.

흔히 영재들에게서 보이는 과제 집착력이 이러한 것이다. 미국의 영재교육학자 조셉 렌줄리 Joseph Renzulli 는 영재의 특성으로 평균 이상의 지적 능력, 창의성과 함께 과제 집착력을 제시했다. 과제 집착력이란 한 가지 과제나 영역에 오랫동안 집중하는 능력을 말하는데, 전문가들은 끝까지 물고 늘어져 문제를 해결하는 과제

집착력 없이는 높은 성취가 불가능하다고 입을 모아 말하고 있다. 서울대학교 황농문 교수도 자신의 저서 《몰입》에서 천재 과학자들의 연구 태도나 방법을 보면 탁월한 지적 재능보다는 주어진 문제를 풀려고 혼신을 기울인 몰입적 사고가 더 중요한 역할을 하고 있다고 했다. 결국 자기 힘으로 해내는 걸 경험하는 게 중요하다.

"저 억울해요. 제가 1등이란 말이에요."

분명 결승전에 들어오기 전까지는 수한이가 1등으로 달리고 있었다. 하지만 결승선을 코앞에 두고 수한이는 속도를 늦추었고, 그 사이에 민호가 결승선에 먼저 들어왔다. 민호가 1등이고 수한이가 그다음이라는 나의 말에 수한이는 억울하다며 불만 가득한 표정으로 말했다. 민호는 멋쩍었는지 운이 좋았다고 말했지만 내 생각은 달랐다. '운'을 거꾸로 하면 '공'이 되듯이 민호가 그만큼 공을 들였으니 1등으로서의 자격은 충분했다.

자신의 실력만 믿고 공을 들이지 않은 채 이만하면 되었다 하는 모습을 종종 마주친다. 대충 이 정도 하면 되겠지 하는 마음으로 다했다며 손을 떼었다가 뒤늦게 오류를 발견하고는 다시 하느라 오히려 시간이 더 걸리기도 한다. 지름길인 줄 알았던 것이 알고 보니 돌아가는 길이었던 셈이다.

"지성이 무언인가?"

교육대학교 재학 중 교수님께서 물으셨다. 다들 지적인 사고의 의미를 담아 대답했다. 지성이란 지극히 성실하다는 것을 의미한다는 교수님의 말씀에 다들 눈이 휘둥그레졌다. 교수님은 교사는 지적 전달자로서 아는 것이 많은 것도 중요하겠지만 그보다는 지극히 성실해야 한다는 말을 덧붙였다. 그렇다. 어떤 일을 하든 지극히 성실하면 못 할 일이 없다. 지성이면 감천이라는 말이 있듯이 정성이 지극하면 하늘도 감동한 것처럼 매우 어려운 일도 결국 순조롭게 풀리며 좋은 결과를 맺는다. 성실하게 '공'을 들이고 '정성'을 다하면 못 해낼 일은 없다.

tip
이렇게 아이의 몰입을 도와주세요

한참 머리를 감고 있는데 서연이가 냉장고에 있는 500ml 우유를 꺼내 가지고 와서는 먹고 싶다고 말했다. 조금만 기다려달라 말하고 잠시 후 거실로 가보니 서연이는 가위로 우유갑 윗부분을 모두 잘라버렸다. 나름 머리를 써서 도구를 사용한 셈이었다. 가위가 없어도 우유갑을 열 수 있다는 것을 슬며시 보여주었다. 양쪽을 밀어 올리듯 해서 우유갑을 여는 엄마의 손길에 서연이는 유레카를 외치듯 새로운 시도를 이어간다. 이제 우유갑 여는 것은 서연이 담당이다. 열든 못 열든.

청개구리에 대처하는
부모의 자세

"굴개굴개"

뭐든 반대로 하는 청개구리가 동화 속 이야기만은 아닌 것 같다. 나와 함께 살고 있는 자그마한 저 아이가 있으니 말이다. 하는 말마다 '안'만 붙이면 된다고 생각하는 것인지 "밥 먹자" 하면 "밥 안 먹자" 하고 "손 씻자" 하면 "손 안 씻자" 하며 말대답이 끊이질 않는다. 그뿐이 아니다. 밥 먹고 간식 먹자고 하면 간식 먹고 밥 먹겠다 한다. 목욕하자고 하면 들은 체도 안 하더니, 이제 목욕 그만하자고 하면 아직 더 씻어야 한다며 첨벙첨벙 물놀이를 즐기니 어느 장단에 맞춰야 할지 모르겠다. 나는 학교에서 20년 동안 학생들을 지도한 베테랑 교사임에도 여섯 살짜리 청개구리 딸 앞에서는 당해낼 재간이 없다. 청개구리 아이 앞에서 결국 하게 되는 건 '안 돼', '그만 해' 같이 하지 말라는 금지의 말이다. 하지 말라고 하면 더 하고 싶은 만고불변의 진리를 벌써 깨우친 것인지, 금지의 말을 해도 여섯 살 청개구리의 마음을 바꾸기에는 한계가 있었다.

여럿이 한 교실에서 북적북적 지내다 보면 자연스레 지켜야 할 규칙이 필요하다. 의도치 않게 대부분의 규칙은 '-하면 안 된다'는 부정적인 말로 끝맺는다. 복도에서 뛰지 마라, 떠들지 마라, 친구 때리면 안 된다, 욕설 금지! 귓속말 금지! 단호한 금지의 말을 뒤로 하고 지키는 학생들은 많지 않다. "뛰지 마라"는 말이 끝나기가 무섭게 손을 씻으러 화장실로 뛰어간다. 왜 그런 걸까? 곰곰이 생각하다 의외의 결론에 다다랐다.

하지 말라고 하면
더 하고 싶은 이유

하버드 심리학과 교수 다니엘 웨그너Daniel Wegner는 억압이 우리 사고에 미치는 영향을 실험했다. A 그룹에게는 "흰 곰을 생각하라"고 말했고, B 그룹에게는 "흰 곰을 생각하지 말라"고 지시했다. 그리고 흰 곰이 떠오를 때마다 자신의 앞에 있는 종을 치도록 했다. 결과는 매우 흥미진진했다. 흰 곰을 생각하라고 했던 A 그룹보다 흰 곰을 생각하지 말라고 했던 B 그룹의 참가자들이 더 여러 번 종을 쳤기 때문이다. '웨그너의 흰 곰 실험'이라고 불리는 이 실험은 회피하려는 생각과 억압이 더 강한 집착을 낳는 것을 보여준다. 생각하지 않으려 억제하는 시도가 오히려 그것에 대해 더 많이 생각하게 되는 역설적 효과를 불러오고 말았다.

만약 나의 자녀가 연인과 헤어지길 바랄 때, 그 둘을 헤어지게 하는 가장 현명한 방법은 그냥 사랑하게 두는 것이라고 한다. 내 눈에 흙이 들어가기 전에는 안 된다며 기를 쓰고 말리면 말릴수록 그들의 사랑은 더욱 간절해지고 견고해진다. 결혼은 천천히 생각하자며 그냥 두면 시간이 지나며 시들어버린 사랑에 자연스레 이별을 선택하게 될 확률이 더 높다는 것이다. 그러기에 다이어트를 할 때 빵을 먹지 않겠다는 다짐보다 샐러드를 먹겠다거나 운동을 하겠다고 공언하는 것이 더 효과적이며, 학생들에게도 복도에서 뛰지 말라는 말보다는 같은 뜻을 담아 걸으라 하는 것이 더 바람직하다.

이와는 반대로 하라고 하면 또 하기가 싫어지기도 한다. 마침 방 청소를 하려고 했는데, 엄마가 청소 좀 하라고 하면 청소하고 싶지 않다. 기쁜 마음으로 공부 좀 하려고 했는데 공부하라고 하면 공부하려던 마음은 온데간데없이 사라지고 만다. 제멋대로 춤추는 아이러니한 청개구리 세상에서 아이를 올바른 길로 이끌어줄 강요하지 않는 부드러운 자극이 필요하다.

청개구리 아이를 바꾸는 한발 빠른 칭찬

"선생님, 재윤이가 저 때렸어요!"

수업 중 앙칼진 목소리가 들려온다. 모둠 활동을 하다가 뭐가 마음에 들지 않았는지 재윤이가 손부터 올라간 모양이다. 재윤이는 평소에도 친구들과 갈등이 많아 지도하기에 어려움이 있었다. 심지어 친구를 때려서 선생님에게 그러면 안 된다는 이야기를 듣고 친구에게 미안하다고 사과를 한 후, 자기 자리로 돌아가는 중에 또 다른 친구를 때리기도 했다. 반복되는 문제 상황을 깰 무언가가 필요했다.

"재윤이, 오늘 놀이 시간에는 블록 놀이하려는 거구나. 와, 우리 재윤이가 친구에게도 블록 나눠주며 사이좋게 잘하네!"

아직 놀이는 시작도 안 했다. 재윤이는 블록 놀이를 하려고 이제 막 블록 바구니를 집었을 뿐이었다. 친구에게 블록을 나누어주며 사이좋게 잘 논다는 선생님의 뜬금없는 칭찬에 재윤이는 어색한지 겸연쩍게 웃었다. 착한 행동 후에 따르는 것이 칭찬이건만 칭찬이 먼저 앞서니 차례에 맞지 않았다. 하지만 선先 칭찬은 이내 힘을 드러내기 시작했다. 매일 혼나기만 하던 아이에게 선생님의 한발 빠른 칭찬은 기대에 부응하고자 하는 마음을 끌어냈다. 해보자는 내적 동기의 씨앗이 성공의 경험으로 이끌었고 해보니 되더라는 자신감으로 이어졌다.

다른 사람으로부터 긍정적인 기대 혹은 관심을 받게 되었을 때 그에 부응하기 위해 노력하게 되어 실질적으로 좋은 결과를 내게 되는 현상을 '피그말리온 효과'라고 한다. 1968년 하버드대학교 사회심리학과 교수인 로버트 로젠탈Robert Rosenthal은 피그말리온 효과의 교육적 영향을 확인하기 위해 미국 샌프란시스코의 한 초등학교 전교생을 대상으로 실험을 했다. 지능검사를 실시한 후 검사 결과와 상관없이 무작위로 반에서 20% 정도의 학생을 선발하고 명단을 교사에게 주면서 '지적 능력이나 학업 성취의 향상 가능성이 높은 학생들'이라고 믿게 한 것이다. 8개월 후 학생들의 지능지수를 재검사했을 때 결과는 놀라웠다. 20%에 해당하는 학생들의 지능지수 및 성적이 더 높아졌다. 교사의 긍정적 기대가 학생들의 기대에 부응하고자 하는 심리와 맞물리며 엄청난 시너지 효과를 일으켰다. 재윤이에게는 이러한 시너지 효과가 단기간에 큰 변화를 가져온 것은 아니었다. 앞선 칭찬에도 불구하고 재윤이는 시시때때로 사고를 쳤다. 잘못된 행동에 대한 교육과 함께 지속적으로 기대하는 바를 먼저 칭찬하며 긍정적 관심을 보이니 재윤이는 느리지만 조금씩 변화하는 모습을 보여주었다.

"잘한다. 잘한다. 잘한다. 우리 서연이 잘한다. 앞니도 잘 닦고, 어금니도 잘 닦고. 우르르 퉤도 잘하죠. 잘한다. 잘한다. 잘한다."

칫솔을 입에 물고선 이 닦으라고 말해도 안 하고, 그럴 거면 그만하라 해도 고개를 가로젓는 서연이에게 노래를 불러주었다. 심통 난 표정으로 서 있던 서연이는 배시시 웃더니 '앞니도 잘 닦고' 부분에 맞추어 앞니를 닦았고, '어금니도 잘 닦고'를 부를 때는 어금니를 닦았다. 제대로 하라 다그쳐도 듣지 않고, 엄마가 해주겠다 해도 싫다고만 하던 청개구리와 웃으며 양치를 마칠 수 있었던 것은 부모의 기대감을 담아 전해주었던 한발 빠른 칭찬 덕분이었다.

자기가 하겠다던 '내가, 내가'의 말들이 자발성을 나타내듯, 하지 않겠다 고집부리는 것 역시 마찬가지로 아이의 적극적인 의사 표현이다. 하고 싶은 것은 따로 있는데 밥 먹으라 하고, 씻으라 하고, 잘 시간이라 말하니 아이는 싫다 하고 때로는 못 들은 척한다. 청개구리 아이의 모습에서 하고 싶은 것에 대한 강력한 의지의 표현이라는 숨겨진 선한 의도를 읽어보자. 더 놀고 싶어 그럴 수도 있고, 때로는 아기처럼 칭얼대며 부모에게 기대고 싶어 그럴 수도 있다. 그럴 때 왜 이렇게 말을 안 듣느냐는 질책보다는 긍정적인 기대와 한발 빠른 칭찬을 통해 또 다른 선한 의도를 끌어내보자. 하라 하면 하기 싫어지는 인간의 자연스러운 본능을 딛고 일어서는 힘, 바로 긍정적인 믿음에 있다. 믿는 만큼 자란다.

tip
이렇게 아이의 몰입을 도와주세요

예전에는 '미운 일곱 살'이라더니 요즘에는 '미운 네 살'이라 한단다. 전적으로 부모에게 의존하던 유아기를 벗어나 자신의 의지를 고집하다 보니 부모와 아이 사이에 부딪힘이 잦아지며 육아의 힘듦을 '미운'이라는 말로 쏟아내는 것이다. 하지만 긍정적으로 보면 제 나이에 맞게 자아가 성장하고 있다는 의미이기도 하다. 그러니 '미운'이라는 말로 덮어버리지 말고 한발 빠른 칭찬으로 강요하지 않는 부드러운 자극을 주자. 아이의 결정을 존중하되 그에 따른 책임도 아이의 몫임을 경험을 통해 인지하도록 해야 한다. 한여름에 겨울옷을 입겠다고 고집을 부렸을 때, 땀이 삐질삐질 나는 더위를 감당해야 하는 것은 아이의 몫이며, 벽에 낙서하지 말라고 했는데 낙서했다면 아이의 손이 닿는 데까지는 스스로 지우게 하자. 자기가 한 행동의 결과를 온몸으로 겪으며 옳은 길을 찾아가게 될 것이다.

아이에게 성취감과
독립심을 키워주는 방법

초등학교 2학년 통합 교과 시간에 있었던 일이다. '가족'을 주제로 수업하던 중 가족이 집에서 하는 일을 알아보고 아이들도 할 수 있는 집안일에 대해 이야기했다. 학생들은 저마다 자기가 할 수 있는 집안일을 골랐고 자연스레 그날의 과제로 이어졌다. 이틀의 주말이 지나고 월요일이 되어 어떤 집안일을 했는지 물어보니 아이들은 설거지했다고도 하고 자기 방 청소를 했다고도 말했다.

"선생님, 저는 엄마가 하지 말라고 해서 못 했어요."

깜박했다거나 가족 여행으로 인해 바빠서 하지 못했다는 등의 이유가 아니라 엄마가 하지 말라고 해서 하지 못했다는 아이는 한둘이 아니었다. 학생들에게 기회를 주십사 부탁하는 글을 알림장에 적어 부모님께 보내드렸음에도 엄마가 못 하게 해서 집안일 과제를 하지 않은 아이들이 열 명 남짓 되었다. 입으로는 괜찮다고 했지만, 마음으로는 아쉬움을 감출 수 없었다.

"엄마가 다 알아서 할 테니 너는 공부나 해."

대부분의 부모는 아이들이 집안일할 시간에 공부하기를 원한다. 사소한 준비물에서부터 과제, 수행평가까지 모든 뒷바라지가 당연히 부모의 몫이란다. 부모가 정리도 도맡아 해주다 보니 집이 아닌 학교에서는 책상 속, 사물함 안이 뒤죽박죽이다. 정리되지 않는 습관은 학습에서도 고스란히 모습을 드러낸다. 수업 시간이 되었을 때 책상 위에 해당 수업 시간의 교과서뿐만 아니라 읽던 그림책, 가위, 물병 등이 너저분하게 올라와있다. 연필도 여러 자루 꺼내고선 이거 썼다, 저거 쓴다. 공책에는 무슨 글자인지 알아보기 힘든 글씨로 여기저기 끼적이니 공부한 내용이 머릿속에 차분히 자리 잡힐 리 없다.

하버드대학교 의과 교수 조지 베일런트George Vaillant는 11~16세 아동 456명을 약 35년간 추적 조사한 끝에 성인이 되어 성공한 삶을 꾸린 이들의 유일한 공통점이 바로 어려서부터 집안일을 경험한 것이라고 했다. 집안일을 통한 성취감의 누적이 성공으로 이끈다는 것이다. 미네소타대학교의 마티 로스만Marty Rossman 교수 연구팀 역시 3~4세의 이른 나이에 집안일을 경험하기 시작한 아이들은 10대에 집안일을 하기 시작한 아이들에 비해 자립심과 책임감이 강하며 성공한 삶을 살 가능성이 훨씬 높다고 말했다. 이와 같은 연구 결과는 '집안일은 신경 쓰지 말고 공부하라'고 말하는 우리에게 시사하는 바가 크다.

아이에겐
집안일도 놀이가 된다

유치원에서 숲 놀이를 할 때 신는 장화를 보내왔다. 숲 유치원을 다니는지라 오전 숲 활동을 할 때마다 장화를 신기에 장화는 필수 준비물이다. 비가 내려 땅이 질퍽해진 날에는 장화에 흙이 잔뜩 묻어온다. 장화를 빨아서 다음 날에 다시 보내야 한다. 못 쓰는 칫솔을 가져다 장화를 빨았다. 잔뜩 묻은 흙을 닦아내고 칫솔로 박박 문지르니 서연이는 그게 재미있어 보이는 모양이다. 깨끗하게 빤 장화 깔창과 아직 빨지 않은 깔창을 비교해 보여주었더니 드라마틱한 변화에 두 눈이 휘둥그레진다.

"내가, 내가!"

이전에 안 해봐서 꼭 해보고 싶다는 말에 결국 손에 든 칫솔을 건네주었다. 열심히 비누칠해가며 칫솔로 박박 문지른다. 점점 깨끗해지는 변화가 주는 희열을 느낀 걸까. 작은 손을 움직여 열심히 칫솔로 문질러가며 깔창을 마치 새것으로 만들어버렸다. 이제는 장화 차례다. 장화 씻기는 힘들 거 같아 하나는 서연이가 하고 나머지 하나는 엄마가 하겠다고 했더니, 자기가 모두 하겠다며 말한다.

"엄마한테는 일이지만, 나한테는 놀이야!"

할 수 있는 한 미루고 싶고, 때로는 못 본 체하고 싶은 집안일이 자신에게는 놀이라고 선언하는 딸아이의 당찬 목소리에 잠시 생각이 멈추었다. 하고 싶은 모든 것이 놀이가 되듯이 나에게는 일이었던 집안일도 서연이에게는 놀이가 되었다. 놀이를 준비하는 것부터가 놀이의 시작이었듯이 놀잇감을 정리하는 것까지가 놀이의 끝이다. 끝까지 하는 경험을 쌓는 것이 중요하다. 즐거움만 탐닉하는 것이 아니라 마땅히 해야 할 것을 끝까지 마무리하는 경험은 책임감으로 이어진다. 유대인 부모는 아이의 자립심을 길러주기 위해 3~4세부터 집안일을 하도록 한다. 자신이 자고 일어난 침대를 스스로 정리하거나 먹은 그릇을 치우는 것부터 시작해 방을 청소하거나 설거지를 하는 등의 집안일로 범위를 확장해 나간다.

"엄마, 나 시킬 것 있으면 뭐든 말씀하세요. 설거지 같은 거요."

콕 집어서 설거지라고 하는 아이의 말에 생각해보니 어버이날을 앞두고 유치원에서 집안일을 도와드리라고 했나 보다. 그럼 설거지를 부탁하겠다 하니 서연이는 발 받침대에 올라서서 거품 가득한 수세미로 그릇도 닦고 커다란 냄비도 닦는다. 깨끗하게 설거지를 마친 후에는 빨래를 갰다. 엄마는 절대로 손을 대서는 안 된다는 단호한 말이 덧붙여졌다. 잠시 후 고개를 돌려보았을 때 양말은 모두 제 짝을 찾아 나란히 줄지어 있었고, 옷가지들은 말끔하게(내 눈에는 뭉쳐져) 놓여있었다.

별것 아닌 허드렛일로 치부되어 버리는 집안일이 끊임없이 많다는 걸 살림을 꾸리면서 알았다. 집은 항상 깨끗한 줄 알았고, 방금 막 지어 고슬고슬 따뜻한 밥은 밥솥을 열면 늘 있는 것인 줄 알았는데, 하나부터 열까지 손길이 필요하지 않은 곳은 없었다. 하면 티도 안 나지만, 안 하면 또 티가 나니 스트레스다. 그 와중에 아이 손으로 해낸 집안일이 성에 찰 리 없다. 내가 휘리릭 해버리면 간단할 일인데, 아이 손을 거친 집안일은 결국 내 손을 다시 거쳐야 하고, 때로는 뒤치다꺼리하느라 더 힘이 들어 달갑지만은 않다. 그렇다고 이미 깨끗한 그릇을 닦으라고 한다거나 잘 정돈된 거실을 청소하도록 하지는 않았으면 좋겠다. 자신의 손길이 닿음으로 변화하는 모습을 직접 보고 느끼는 것이 중요하다. 가족 구성원으로서 무언가를 해냈다는 성취감과 함께 사는 힘까지 키웠으니 내 손을 한 번 더 거쳐야 하더라도 그 정도의 수고는 수업료로 치자.

tip
이렇게 아이의 몰입을 도와주세요

자기가 가지고 논 장난감을 정리하는 것, 자신이 사용한 밥그릇을 개수대에 가져다 놓는 것, 밤새 덮고 잔 이불을 정리하는 것과 같이 아이와 직접적으로 관련이 있는 것부터 집안일을 할 수 있게 가르치자. 현관에 있는 자기 신발을 신발장에 정리하다 가족의 신발을 모조리 정리하게 되는 경험으로 확장되며, 가족을 위해 손을 보탰다는 기쁨과 성취감으로 이어진다.

오늘의 스케줄은
무엇입니까?

"내일 아침에는 뭐 먹고 싶어?"

저녁마다 마주 보고 앉아 다음 날 할 것들을 정했다. 서연이는 아침에 준비해줄 수 있는 몇 개의 메뉴 중 하나를 골랐다. 그나마 원복과 체육복을 번갈아 가며 입는 유치원인지라 입을 옷은 정하지 않아도 되었다. 복병은 마스크였다. 유아용 마스크는 다양한 색깔과 무늬로 판매되기 때문에 마치 옷처럼 고를 수 있다. 그래서 다음 날 할 마스크도 반드시 미리 골라야 했다. 자기가 정한 것을 다음 날 아침 그대로 하니 아이도 불만이 없었고 순탄한 아침 출근 준비에 나 역시 조바심을 내려놓을 수 있었다.

하루 계획표로
자기 조절 능력이 자란다

부모가 시간 없다며 서두르라고 말할 때마다 아이는 다급한 상황이 불편하다. 한 치 앞도 내다보기 힘든 폭풍이 몰아치는 상황에 불안함을 느끼는 것은 당연하다. 내 뜻대로 할 수 있는 것은 하나도 없다 보니 절로 심통이 난다. 하지만 전날 아이와 함께 다음 날 할 일을 미리 정하면 미래를 예측할 수 있어 심리적인 안정감을 느낄 수 있다. 뭘할지 빤히 알고 있으니 불안하지 않다. 나의 결정에 따라 예상대로 흘러가는 시간의 흐름에 편안함을 느낀다. 게다가 자신이 결정한 것이니 반기를 들 이유도 없다. 한편으로는 스스로 결정한 것에 대한 책임이기도 하다. 부모가 시키는 대로 하는 것이 아니라 내가 원해서 하는 것이라는 생각은 자기 조절 능력의 향상으로 이어진다.

자기 조절 능력은 자율적으로 설정한 목표에 도달하는 데 방해가 되는 유혹을 뿌리치고 바람직한 행동을 실행하는 능력을 말하는 것으로, 자기 조절 능력이 높은 사람은 보다 목표 지향적으로 행동한다. 하기 싫지만 해야 한다거나 부모가 하라 했으니 한다는 마음은 자신의 진짜 마음과 동떨어져 있다 보니 자기 조절에 한계가 있다. 반면 내가 하고 싶고 내가 원해서 선택한 것은 다르다. 나의 결정에 의한 것이라는 생각에 유혹을 물리칠 힘을 얻는다. 중요한 것은 아이가 직접 결정해야 한다는 것이다. 부모가 '공부할 시간이다', '책 읽을 시간이다' 하며 언제 뭘할지 모든 것을 정해주는 것은 의미 없다. 오히려 하지 않겠다는 반발심만 일으킨다.

무엇을 할지에 대한 선택은 오롯이 아이의 몫이다. 단지 강요하지 않는 부드러운 자극으로 현실적으로 가능한 몇 가지의 선택지 중에 고르도록 해서 뜬구름 잡는 스케줄이 되지 않도록만 하면 된다. 결정한 것은 되도록 아이의 손으로 직접 써보도록 하자. 아이가 손으로 그림을 그리든, 글로 쓰든 상관없다. 자신이 결정한 바를 종이에 표현하면 그 일에 대한 의미는 배가 되며 이를 지키고자 하는 자기 조절 능력 또한 향상될 수 있다.

하루 계획표를 수정하며
자기 주도 능력이 자란다

욕심을 내었다. 매일 스케줄을 짜기가 귀찮아 일주일씩 계획을 세워보기로 했다. 하지만 일주일의 계획을 세우고 실천하는 것은 오래 가지 않았다. 일주일은 시시각각 변하는 아이의 마음을 담기에는 무리가 있었다. 변동성이 너무 크다 보니 스케줄을 수정하기에 바빴고 그러다 결국 옥신각신하던 처음의 일상으로 돌아갔다. 다시 1~2일 단위로 계획을 세워보았다. 그럼에도 '왜 계획한 대로 하지 않느냐'는 비난은 고이 접어두기를 바란다. 어른이 되어서도 금쪽같은 휴일에 냉장고 정리를 하겠다고 다짐해 놓고서는 빈둥대다 월요일을 맞이하고 있지 않은가. 어찌 보면 처음부터 계획한 대로 되지 않는 것이 당연하다.

발달 심리학자인 피아제는 7~8세가 되어서야 시간 개념이 구체적으로 발달된다고 했다. 즉 유아기에는 **발달 단계상 시간이라는 추상적인 개념을 이해하기 어려운 것이 당연하다.** 보이지 않는 시간의 정도를 가늠하기가 어려우니 하고 싶은 것을 마구 채워 넣기도 하고, 때로는 조금밖에 놀지 않았는데 왜 벌써 끝이냐고 떼를 쓴다. 똑같은 한 시간이어도 TV를 보는 한 시간과 차를 타고 이동하는 한 시간이 체감상 다르니 자연스러운 반응이다. 어른인 우리도 출장으로 인해 직장 상사와 나란히 비행기 안에 앉아 있다면 억겁의 시간과도 같이 느끼겠지만, 좋아하는 사람과 도란도란 이야기를 나누다 보면 벌써 도착했느냐는 말이 절로 나온다. 하물며 자기중심적인 유아에게 한 시간은 고무줄이 늘었다, 줄었다 하는 것처럼 주관적이다 보니 떼를 쓰고 좌충우돌하게 되는 것이 당연하다.

기쁘게도 아이들은 이러한 시행착오를 통해 성장한다. 시간의 양을 점차 가늠하기 시작하며 그 안에서 할 수 있는 것을 계획하고 실행해보다 안 되면 수정한다. 하루에 책 세 권씩 7일 동안 읽기로 계획했을 때, 오늘 책이 너무 재미있어 더 읽고 싶지만 세 권 읽기로 했으니 그만 읽어야 하는 것일까? 놀이터에서 계획에 없었던 반가운 친구를 만나 신나게 노느라 피곤해져 눈이 저절로 감기는데 억지로 세 권을 읽어야 할까? 그걸 강요하는 순간, 아이는 책을 싫어하게 된다. 예를 들어 7일 동안 하루에 세 권씩이라는 목표를 바꾸어 생각해보면 일주일에 스물한 권을 읽으면 목표를 달성하는 셈이다. 책이 재미있었던 어느 날에는 하루 만에 스물한 권을 다 읽을 수도 있고, 그렇지 않은 때에는 오늘 한 권, 내일 다섯 권, 그다음 날에는 세 권 이렇게 목표치에 도달하기 위한 과정을 스스로 설계할 수도 있다.

여기에서 엄마들의 고민이 깊어진다. 일주일이 지나도록 도통 하려 하지 않으니 문제다. 결국 참고 참다가 엄마의 잔소리가 터져 나오고, 아이는 아직 약속한 일주일이 지나지 않았는데 왜 그러느냐는 볼멘소리를 하고야 만다. 이럴 때는 과정을 한눈에 알아보기 쉽게 시각화해보자. 책 그림 스물한 개를 벽에 붙여 놓고 읽을 때마다 색칠하도록 해도 좋고, 체크리스트를 만들어 스스로 약속한 과제를 해낼 때마다 표시하도록 해도 좋다. 일주일 후 목표한 만큼 해내지 못하더라도 스물한 권을 채우지 못한 것에 대한 비난보다는 그래도 열다섯 권을 읽었다는 것에 칭찬을 얹어주면 아이는 점차 계획한 것을 책임감 있게 해내고자 하는 내적 동기에 따라 성장하는 모습을 보일 것이다.

날마다 예측이 가능한 일들이 벌어지는 건 아니기에 생각지도 못했던 변수로 계획을 수정할 수밖에 없을 때도 있다. 자전거를 타기로 했는데 비가 올 수도 있고, 주말에 캠핑하기로 했는데 예약을 깜빡해 갈 수 없는 상황이라면 대수롭지 않게 새로운 계획을 세우면 된다. 오늘 블록 놀이를 하기로 했지만, 하고 싶지 않으면 다른 놀이를 해도 상관없는 것이며 못해서 아쉽다면 다음 계획을 세울 때 우선하면 될 일이다. 지나치게 자주 여러 번 계획을 수정한다면 계획을 세우는 단위를 짧게 하는 것도 방법이다. 일주일 단위로 계획을 세웠을 때 결국 하루치 계획으로 돌아올 수밖에 없었던 것처럼 내일을 계획해보는 것으로 방법을 바꾸거나, 당장 오늘 자기 전까지 할 것들을 순서 지어보는 것부터 차근차근 시작해보자. 그렇게 하나, 둘 성공의 경험을 쌓아가다 보면 시간 관리 능력도 조금씩 습관으로 자리 잡게 될 것이다.

'타임 타이머'는 세계에서 가장 혁신적인 기업이라 하는 구글에서 업무의 효율성을 높이기 위해 많이 사용해 '구글 타이머'라고도 알려져 있다. 보통의 타이머와는 다소 생김새가 다른데, 남은 시간이 빨간색 면적으로 표시되어 직관적으로 시간이 얼마나 남았는지를 쉽게 확인할 수 있다. 눈에 보이지 않는 시간의 흐름을 시각적으로 보여주기 때문에 아이에게 추상적인 시간에 대한 양감을 키워주기 유용하다. 빨간색 면이 사라지기 전까지 해야 할 것을 마치거나 혹은 알람이 울리면 그만하기로 아이와 함께 약속을 정해보자. 아이뿐만 아니라 어른에게도 도움이 되니 온 가족 유용 아이템이다.

잔소리하지 않아도 되는
루틴의 힘

아침에는 지각하면 안 된다는 시간의 압박이 있어 세세하게 할 것들을 정했지만 저녁에는 좀 더 여유를 갖기로 했다. 꼭 해야 하는 것 외에는 서연이가 하고 싶은 것을 하도록 했다. 어떤 때에는 블록 놀이를 했고, 어떤 날에는 그림만 여러 장 그렸다. 심심하다고 말하기도 했지만, 때마다 자기가 하고 싶은 것을 찾아 나름의 시간을 보냈다. 시간 관리에 대해 물으면 부모들은 대개 생산적인 것에 대해서만 떠올리는데, 시간 관리는 채우기 뿐만 아니라 비우는 것도 중요하다. 해야 할 것만 가득 채워 넣은 계획은 작심삼일이 되기 일쑤다. 나는 열심히 했는데 왜 뜻대로 되지 않느냐는 자책으로 이어지고 결국에는 소진된 에너지로 번아웃을 맞닥뜨리고 만다. 적당한 쉼과 수정이 가능한 틈이 있어야 계획이 실행으로 이어질 수 있고 성공의 경험을 차곡차곡 쌓을 수 있다. 따라서 유아기에는 마땅히 해야 할 것들 이외에는 자기가 하고 싶은 것을 마음대로 할 수 있는 시간을 충분히 주는 것이 필요하다.

반대로 비우기만 해서도 곤란하다. 하고 싶은 것과 해야 할 것 사이에서 아이 스스로 균형을 잡아가며 마땅히 할 것들을 실행하도록 하는 데 집중해야 한다. 이때 아침부터 잠들 때까지 기본적인 루틴이 자리 잡혀 있으면 생활에 뼈대가 잡힌 것과 같아 균형을 유지하기가 훨씬 더 수월해진다. 마땅히 해야 할 바를 루틴에 따라 스스로 하니 잔소리하지 않아도 되는 자기 주도적인 생활 습관이 자리 잡는다.

루틴으로
생활 습관을 만들자

아기가 갓 태어나면 부모는 아기의 먹고 놀고 잠자는 규칙적인 일과를 통해 육아 루틴을 세우고자 한다. 단조로운 생활패턴이 반복되며 아기의 생체 리듬이 일정해지고 안정적인 생활이 가능해진다. 육아의 선순환에 들어서는 것이다. 이처럼 루틴은 매일 습관적으로 하는 행동이지만 무의식중에 하는 습관과는 조금 다르다. 루틴에는 목적, 의지를 가진 의식적인 행동이 더해진다. 습관은 거의 의식하지 않고 일어나지만, 루틴은 하고자 하는 의지가 필요하니 이를 유지하기 위해서는 지속적으로 노력해야 한다. 익숙하지 않아서 처음에는 해내기 쉽지 않다. 아침에 일어나자마자 침대 위 이불을 정리하겠다는 사소한 다짐조차도 꾸준히 유지하기 위해서는 강한 의지와 노력이 필요하다. 그럼에도 불구하고 지속적으로 반복하다 보면 어느새 습관으로 자리 잡으며 큰 노력을 기울이지 않아도 편안하게 유지할 수 있다. 이처럼 잘 자리 잡은 루틴으로 인해 힘들이지 않으면서도 긍정적인 생활 패턴을 유지할 수 있기 때문에 올바른 루틴을 세우는 것은 중요하다.

아이가 성장할수록 점차 학습의 루틴이 추가된다. 초등 2학년 세연이는 아침에 일어나면 수학 문제집을 한 장 풀고 영어책 1권을 읽고 그림책을 몇 권 읽은 후 등교했다. 학교와 학원의 일과 후, 집에 도착한 세연이는 스스로 가방을 정리하고 알림장을 확인했다. 학습과 책 읽기 그리고 여유 시간의 반복되는 루틴은 부모의 잔소리가 끼어들 틈이 없었고 세연이는 스스로 차곡차곡 학습의 시간을 쌓아갔다. 이처럼 학습에도 루틴이 필요하다. 잘 자리 잡은 학습 루틴은 물 흐르듯 자연스러운 선순환으로 이어지며 자기 주도적인 학습을 가능하게 한다. 그렇다고 학습 루틴을 서두르지 않기를 바란다. 유아기에는 학습보다는 생활 습관이 먼저다. 일정한 시간에 잠들고 일어나 충분한 수면 시간을 갖도록 해야 한다. 스스로 식사하고 식사 후에는 스스로 양치하도록 한다. 외출 후 집에 왔을 때 손을 씻는 습관을 갖도록 한다. 이러한 생활과 관련한 올바른 루틴이 자리 잡은 후 학습 루틴을 얹어도 늦지 않다.

루틴과 습관에는 조급함보다 꾸준함이 필요하다

여유로운 저녁 일상 가운데 서연이에게는 변하지 않는 하나의 루틴이 있다. 아기 때부터 꾸준히 책을 읽어주던 것이 습관이 되어 서연이의 저녁 루틴에는 책 읽기가 빠지지 않았다. 그도 그럴 것이 아주 어릴 때부터 목욕하고 난 뒤, 드라이기를 이용해 머리를 말릴 때면 그 자리에는 항상 책장이 있었다. 머리 말리는 따뜻한 시간에 서연이는 자연스레 그림책을 꺼내 읽었고 잠자리 독서로 이어졌다. 자기 전에는 꼭 책을 읽어야 하다 보니 여행을 갈 때도 읽을 책을 1박당 두세 권씩은 꼭 챙겼다. 여러 날 여행하게 되면 책을 묵직하게 들고 와서는 캐리어 가득 담으려 해 실랑이를 벌이기 일쑤였으며, 혹시라도 책을 챙기지 않으면 잠들기 전에 책을 읽어야 하는데 책이 없다며 목 놓아 울었다. 그러던 어느 날 유치원에서 가지고 온 영어 그림책이 눈에 띄었다. 별생각 없이 어떤 책인가 궁금해 책을 집어 들었고, 어느새 내 옆으로 쪼르르 다가온 서연이와 함께 영어 그림책을 보았다. 대부분 그림을 보는 것으로 끝나기는 했지만 서연이는 엄마의 형편없는 발음에도 귀를 기울여 주었다. 때로는 영어 선생님을 흉내 내며 나의 발음을 교정해주었다. 물론 교정해주는 아이의 영어 발음이 틀린 적이 더 많았다. 우리말을 배울 때도 옹알이를 지나 부정확한 발음의 시기가 있었던 것처럼 영어 유아기인가 보다 하고 눈 감는다. 그저 아이의 진지한 모습에 웃음이 났다. 이를 계기로 점차 조금씩 학습의 시간을 늘려보았다. 학습이라 해도 책 읽는 것의 연장선이기에 큰 변화는 없었다. 단지 읽던 책에서 영어책을 추가했을 뿐이다. 의도치 않게 물꼬를 튼 것이 시작점이 되어 점차 자연스럽게 하나의 루틴으로 자리 잡게 되었다.

시간 관리의 능력을 키워주고 건강한 루틴을 통해 올바른 습관을 형성하는 것이 필요하다고 해서 아이의 욕구를 후 순위로 미루지 않기를 바란다. 해야 할 바를 위해 현재의 행복은 기꺼이 양보할 수 있어야 한다는 뜻이 아니기 때문이다. 때로는 꼭 해야 할 것들을 제쳐두고 하고 싶은 것부터 즐기고픈 날이 있다. 그렇게 한다고 큰일이 벌어지지 않는다. 오히려 쉼으로 인해 새로운 에너지를 얻고 삶은 더욱 풍요로워진다. 아주 천천히 스며들 듯이 균형을 잡아가야 한다.

시간을 관리하는 힘이야말로 습관으로 자리 잡기까지 오랜 시간이 필요하다. 내 아이와 함께 스며들 듯이 자연스레 루틴을 만들어보자. 오랜 시간 동안 쌓여 습관이 되었을 때 비로소 빛을 발하니 유아기부터 자신의 시간을 스스로 채워가는 연습을 충분히 해나갈 수 있도록 믿고 맡겨보자. 남들보다 빠르게 잘하려는 조급함보다 꾸준함이 가진 힘을 믿기에 강요하지 않는 부드러운 자극으로 천천히 조금씩 스며들기를 바란다.

tip
엄마와 아이가 성장하는 몰입 육아 이야기

"월요일엔 월요일엔~♬"
유치원에서 배웠다며 서연이는 요일마다 뭘할지 노래를 불렀다. 덩달아 오늘은 수업에서 어떤 일을 하기로 했다며 기대감에 차서 말한다. 기대감으로 시작하는 배움은 성장으로 이어진다.

엄마, 오늘은
내 마음대로 하는 날이야

"유치원 가야지, 학원 갈 시간이야, 숙제는 다 했니? 오늘 해야
할 학습지 얼른 해야지."

아이가 태어나면서부터 아이의 모든 일과에 엄마 손길이 미치
지 않는 곳이 없다. 부모는 아이의 매니저가 되어 학습과 생활의
루틴을 정하고는 이게 다 너를 위해서라 말한다. 그러다 보니 아
이들 스케줄이 어른보다 더 바쁘다. 학교 끝나면 정문 앞에서 대
기하고 있는 학원 버스를 타고 몇 개의 학원을 거쳐 집에 돌아오
면 학원 과제와 학습지가 기다리고 있다. 쉴 틈 없이 이어지는 시

간의 흐름에 아이는 어느새 지쳐버린다. 어려서부터 삶의 무게가 무거워 처진 아이들의 어깨가 안쓰럽다.

아이에게
온전한 하루를 선물하기

어른들도 주말에는 마음껏 쉬고 싶다. 알람 소리에 맞춰 눈을 뜨는 것이 아니라 자고 싶은 만큼 실컷 자다 이제 좀 일어나보자는 자발적인 의지에 따라 눈을 뜨고 싶다. 종일 TV만 보며 뒹굴뒹굴하고 싶기도 하고, 또 어떤 날에는 바람 쐴 겸 어디론가 훌쩍 여행을 떠나고 싶기도 하다. 쉼을 갖고 나면 다시 일할 힘을 얻는다. 또다시 다가올 쉼을 기다리며 오는 주말에는 뭘 할지 행복한 고민을 한다.

"오늘은 내 마음대로 하는 날이야."

서연이가 선언했다. 마법의 문장에 홀린 듯 그렇게 '내 마음대로 하는 날'이 시작되었다. 하루 한 시간으로 제한하는 TV를 두 시간 보았다. 읽고 싶은 책도 두 권을 가지고 와 읽어달라고 했다. 밥때가 한참 지났는데도 밥은 안 먹겠다고 했다. 아침도 거르고 점심도 거르더니 오후 2시가 지나서야 밥 생각이 나는지 점심은 달걀프라이로 먹겠다고 했다. 세상 간단한 메뉴 주문이 내심 반갑다. 끼니때가 되면 밥을 먹어야 하고, TV는 한 시간 이내로 제한하던 여느 날과 그렇게 큰 차이가 나지 않았다. 물론 두 번의 식사는 한 번으로 줄었고, 한 시간 TV 보기는 두 시간으로 늘기는 했지만, 걱정했던 것처럼 하루 종일 달콤한 간식만 찾는다거나 계속 TV를 보겠다고 고집을 피우지 않았다. 그저 '내 마음대로'라는 말이 주는 여유 덕분이었을까. 훨씬 편안하고 자연스럽게 하루가 흘러갔다. 아이의 뜻대로 '내 마음대로' 해도 괜찮은 하루였다.

어린이날을 며칠 앞두고 있었던 일이다. 예전 같으면 만국기 펄럭이는 운동장에서 체육대회를 열었을 텐데 코로나로 체육대회가 사라져 버렸다. 그렇다고 교실에서 수업만 하기에는 미안하다. 옆 반 선생님과 함께 아이들에게 하루를 선물해보자고 생각을 모았다.

"내일은 책가방 안 가지고 와도 됩니다."

떠나갈 듯한 함성이 끝나갈 무렵 학생들은 내심 걱정이 되었는지 그러면 내일은 뭐하냐고 물었다. 하고 싶은 놀이를 할 것이란 말에 다들 얼굴이 상기된 채 시끌시끌했다. 평소에 발표하지 않던 아이들도 저마다 목소리를 높이며 무엇을 하면 좋을지에 대한 자기의 생각을 말한다. 열띤 토의 끝에 강당에서 발야구를 하고, 몇 가지의 교실 놀이를 하는 것으로 정해졌다. 다음 날, 매일 지각하던 예은이와 정우는 가장 먼저 등교를 했고 얼른 놀아야 하는데 친구들이 왜 아직도 오지 않느냐며 복도를 서성였다.

원하는 놀이를 마음껏 즐긴 후 다음 날 다시 수업으로 돌아갔을 때 교과서 꺼내라는 말에 누구도 탄식을 내뱉지 않았다. 놀 만큼 놀았으니 이제 공부하자는 묵언의 동의가 느껴졌다. 열심히 공부하면 하루까지는 아니어도 한 시간 정도는 또 내어줄 수 있다는 선생님의 마음을 읽은 듯했다. 아이들에게도 쉼이 필요하다. 하루쯤은 '내 마음대로 하는 날'로 선언해도 좋을 선물과도 같은 하루 말이다. 느지막이 일어나 하고 싶었던 놀이를 마음껏 하는 쉼이 있을 때 아이들도 힘을 얻는다.

"오늘 같은 날은 처음이야!"

꿈을 꾸듯 말하는 예은이의 말이 마음 깊숙이 다가왔다.

tip
엄마와 아이가 성장하는 몰입 육아 이야기

'내 마음대로 하는 날'은 아이에게뿐만 아니라 부모에게도 필요하다. 아내, 엄마 역할을 잠시 내려놓고 오롯이 나를 위한 시간을 가져보자.

관계
몰입

우리 주변 모든 곳에
배움이 있다

사회성과 관계 맺기는
부모로부터 나온다

"현준이네는 동생이 두 명이나 있대요!"

다양한 가족의 모습을 공부하다 학생들이 들썩였다. 나의 아버지는 자그마치 7남매이셨고 당시에는 그게 결코 신기한 일이 아니었는데, 어느새 동생이 둘이나 있다는 사실에 놀라는 시대가 되었다. 그도 그럴 것이 현재 대부분의 가족이 부모와 자녀 한두 명 정도의 구성이다 보니, 다자녀나 조부모와 함께 사는 가족을 쉽게 보기 어렵기 때문이다. 통계청에서 실시한 〈2020 인구주택 총조사〉 결과에 따르면 핵가족의 비율은 80.3%였지만 3대가 함께 사는 비율은 3.6%에 불과했다. 만 18세 이하 미성년자와 함께 거주하는 가구 중 2자녀 이하가 89.6%, 3자녀 이상은 10.3%였다. 평균 가구원 수는 2.34명이라 하니 가족의 규모가 상당히 축소되었음을 알 수 있다.

어떻게 사회성을 길러줄 수 있을까?

세월이 흘러 가족의 규모는 작아졌으며 이제는 정 많던 이웃과의 교류도 자취를 감추었다. 일상에서 마주하는 사람의 수가 줄어드니 관계 맺음도 단조로워졌다. 아이와 상호작용을 하는 대상은 부모가 유일하다. 하나뿐인 내 아이에게 무엇이든 해주고 싶고, 맞춰주다 보니 자기중심적인 발달 단계를 거쳐 사회성을 발달시켜가야 할 아이들이 여전히 어린 아이 수준에 머무르고 있다. 얽히고설킨 관계 속에서 시행착오를 거치며 자연스럽게 관계 맺음을 습득하던 방식이 사라짐에 따라 이제는 시간을 내어 배워야 하는 시대가 되었다. 물론 만나는 사람이 많다는 것이 친밀함을 의미하는 것은 아니다. 꼭 많은 사람과 교류해야 하는 것도 아니다. 그러나 역사적으로 사회성은 남다른 의미를 띄고 있다. 다수의 영장류 학자들은 다른 영장류가 신체적으로 우월함에도 불구하고 역사

속으로 사라져 갈 때, 호모 사피엔스가 현생 인류로 살아남을 수 있었던 이유로 사회성을 말한다. 그들은 동료들과 함께 생활하면서 사회를 형성해 나갔고, 낯선 다른 부족과 교류하며 생존 가능성을 높였다. 사회성의 힘은 과거에만 그치지 않는다. 2014년 MBC 에브리원에서 남녀 직장인 1,038명을 대상으로 조사한 결과 직장인 스트레스의 가장 큰 원인으로 함께 일하는 동료와의 갈등(51.2%)을 꼽았다. 극심한 갈등으로 인해 퇴사를 고민하는 사람이 적지 않으니 타인과의 관계가 미치는 영향이 지대하다. 이는 미래와도 연결된다. 뇌과학자 정재승 교수는 인공지능이 체력적으로나 지적으로 인간을 이미 압도하고 있음을 말하며 미래 4차 산업 시대에 인간만이 할 수 있는 영역으로 사회성을 언급했다. 과거와 현재를 넘어 미래의 다음 세대에게 인간에 대한 이해를 전해주는 것이 중요하다.

최근 MBTI가 인기다. 처음 만나는 사람이 어떤 성향인지 알고 싶을 때 과거에 혈액형을 물었던 것처럼 이제는 MBTI가 무엇인지를 묻는다. MBTI는 융의 심리유형 이론을 근거로 캐서린 브릭스Katharine Briggs와 그녀의 딸 이자벨 마이어스Isabel Myers가 개발한 성격유형 검사다. 사람들을 몇 가지 공통된 특징에 따라 묶을 수 있다는 것을 전제로 열여섯 가지 성격유형으로 분류하고 있다.

인간의 성격을 열여섯 가지로 완벽히 설명하는 것이 불가능함에도, 많은 사람이 MBTI를 통해 상대가 어떤 사람인지 다 파악했다는 성급한 오류에 빠진다. 네 가지 척도 중 하나라도 겹치는 게 없는 상대를 만나기라도 하면 당신과 나는 다르다며 선을 그어버리기도 한다. MBTI는 자신에 대한 이해를 바탕으로 다른 사람의 성격을 이해하고 원만한 인간관계를 유지할 수 있도록 돕는 것에 중점을 두고 있음에도 이를 제대로 이해하지 못하는 모습을 볼 때면 안타까운 마음이 앞선다. 물론 사람에게는 심리적인 바운더리가 있어서 원치 않는 것들로부터 나를 보호하기 위해 품위 있게 선을 그을 필요도 있다. 하지만 선을 긋는 것에서 멈추어서는 안 된다. 나를 보호하면서 타인과 조화롭게 교류를 주고받을 수 있는 건강한 바운더리를 갖추는 것이 중요하다.

tip

이렇게 아이의 몰입을 도와주세요

소설가 김영하는 《작별 인사》에서 기계와 다를 바 없는 인간과 어찌 보면 더 인간다운 휴머노이드를 통해 인간을 인간답게 하는 것은 과연 무엇인가에 대해 묵직한 질문을 던지고 있다. 인간답게 산다는 것은 무엇일까? 이 질문에 대한 대답은 가장 가까이에 있는 나 그리고 나를 둘러싼 사람에 있겠다. 내 아이가 사람들 틈에서 지극히 인간다운 삶을 살기를 바란다.

5장 관계 몰입

한 번 떼를 쓰기 시작하면
멈추지 않는 아이

"어머님, 이 책 한 번 읽어보세요"

어느 날, 어린이집 원장님에게 책 한 권을 건네받았다. 책 가운데에는 눈에 잘 띄는 색깔의 포스트잇이 한 장 붙어 있었다. 집에 돌아와 포스트잇이 가리키는 페이지를 펼쳐 보았을 때, 머릿속이 복잡해졌다. '떼 부리는 아이, 이렇게 지도하세요'라는 제목이 모든 것을 말해주고 있었다. 서연이는 한 번 떼를 부리기 시작하면 도통 멈추지 않았다. 원래 이 나이대의 아이들이 다 그렇다는 말을 위안 삼아 이해하려고 했다. 모른 척하고 싶었던 것일 수도 있겠다. 그런데 마주한 현실에서 '당신의 자녀는 또래 아이들에 비해 유난히 떼가 많다'라고 적나라하게 말하고 있었다.

불편한 상황을 마주할 때마다 걷잡을 수 없는 감정이 밀려오니 서연이도 당황스럽기는 마찬가지였을 것이다. 낯선 감정을 어찌해야 할지 모르겠으니 크게 울어버리거나 소리를 지르는 것으로 표출되고 만다. 아이로서는 나름 도움을 요청하고 있었던 것인지도 모른다. 서연이의 마음속에서 일렁이는 것이 무엇인지부터 알아야 했다.

부정적인 감정 자체가 나쁜 것은 아니다. 내적 평화가 깨지는 불균형 또한 자연스러운 감정의 일부다. 그러나 슬픔과 분노를 건강하게 표현하는 것은 매우 중요하다. 보듬고 토닥이며 심리적 균형을 되찾아 현명하게 해소해 묵힌 감정이 되지 않도록 떠나보내야 한다. 그러기 위해서는 왜 이런 감정이 생긴 것인지 정확하게 인지하고 단어화하고 표현하는 연습이 필요하다. 자기 자신을 이해하고 감정을 자연스럽게 받아들이는 방법을 키워야 한다. 하지만 유아는 아직 단어화하고 표현하는 데 익숙하지 않다. 말로 표현하기 어려우니 그 답답함이야 이루 말할 수 없을 터, 울며 떼 부리는 것이 당연하다.

서연이가 우유를 먹고 싶다고 했다. 희한하게도 우유가 있을 때는 찾지도 않더니, 없을 때를 기다린 건지 집에 없는 것만 기가 막히게 찾아내어 달라고 한다. 냉장고를 아무리 뒤적여도 없는 우유가 모습을 드러낼 리 없다. 차근차근 집에 우유가 없으며 오늘은 이미 늦었으니 내일 우유 사러 마트에 가자고 설명했다. 서연이는 지금 당장 우유를 내놓으라며 떼를 썼다.

"지금! 지금!"

아무리 이야기해도 나의 말은 귓등에도 닿지 않는다. 무조건 제 말만 들어 달라하니 어찌할 바를 모르겠다. 전문가들은 이럴 때 아이의 마음을 읽어주라 한다. 아이의 마음 상태가 어떠한지 말로 풀어가며 공감하다 보면 아이의 단단해졌던 마음이 말랑말랑해지며 대화의 물꼬가 트인다는 것이다. '-구나' 화법이 나올 타이밍이다.

"우유를 마시고 싶은데, 우유가 없어서 속상하구나."

배운 바에 따르면 한바탕 속내를 이야기한 후 합의점을 찾아가야 할 텐데, 기대했던 대로 흘러가지 않는다.

"엄마 때문이야! 엄마가 우유를 사 놨어야지!"

여전히 울며 떼를 쓰는 아이에게 어떤 말을 건네도 튕겨 나오고야 만다. 단순히 말로 공감해주는 것으로는 충분하지 않았다. 서연이에게는 보이지 않는 감정과 마음을 언어화하는 것이 필요했다. 잠시 고민 끝에 간단한 그림과 함께 말을 얹었다.

"(우는 아이 모습을 그리며) 서연이가 울면 (우는 엄마 모습을 그리며) 엄마도 슬퍼."

"(웃는 아이 모습을 그리며) 서연이가 환하게 웃으면 (웃는 엄마 모습을 그리며) 엄마도 기뻐."

"(눈물방울을 그리며) 그런데, 지금 서연이가 많이 울어서 엄마 마음도 아파."

어느새 눈물이 잦아들며 그림 그리는 손을 바라본다.

"여기 엄마 얼굴에도 눈물 그려야지."

"아, 맞다! 엄마가 깜박했네. 알려줘서 고마워!"

작은 칭찬에 단단했던 서연이 마음이 다소 부드러워졌다.

"(우는 아이 옆에 우유를 그리며) 서연이는 우유를 마시고 싶대. (우유에 X 표시를 하며) 그런데 우유가 냉장고에 없어. (우는 아이 얼굴에 눈물을 더 그리며) 그래서 서연이가 속상해. (달을 그리며) 그런데 지금은 깜깜한 밤이라 (네모 그림에 X 표시를 그리며) 마트에 가도 문이 닫혀 있어. 엄마가 약속할게. (해를 그리며) 내일 우리 같이 (네모를 그리며) 마트에 가서 (네모 안에 우유를 그리며) 우유 사자. 서연이가 사고 싶은 흰 우유도 사고, (아이스크림을 그리며) 엄마가 사고 싶은 아이스크림도 사자."

휘몰아치는 감정의 소용돌이에서 빠져나온 걸까. 서연이는 칭 얼거리는 소리를 몇 번 더 하더니 이내 잠잠해졌다. 여전히 뾰로 통한 목소리로 내일 꼭 우유 사야 한다는 다짐을 받아내고는 남은 눈물을 마저 털어내었다.

감정 카드로
마음을 표현하기

비주얼 씽킹Visual Thinking은 생각을 글이나 이미지를 통해 체계화해서 이해력과 기억력을 높이는 시각적 사고법이다. 형태가 없는 생각에 눈으로 볼 수 있는 이미지를 부여해 시각화하면 명료해지며 기억하기도 쉽고 이해하기도 수월해지기 때문이다. 이는 생각에만 국한된 것이 아니다. 눈에 보이지 않는 감정 또한 이미지를 통해 시각화하면 아이가 자신의 감정을 직관적으로 마주하니 흩어졌던 감정의 퍼즐 조각을 맞추기가 보다 수월해진다. 그러다보니 상담에서도 감정 표현을 이미지화해서 나타낸 감정 카드가 종종 쓰인다.

〈감정 카드를 활용한 정서 조절 능력 향상 프로그램이 초등학생의 또래 관계에 미치는 효과〉는 초등학교 4학년 39명을 대상으로 한 연구다. 연구 결과에 따르면 미세한 감정들을 구분할 수 있도록 제작된 감정 카드를 활용하면 정서에 대한 호기심과 흥미를 불러일으키고 감정에 대한 어휘력을 높일 수 있다. 또한 카드라는 매체를 통해 좀 더 성숙한 방식으로 감정을 표현할 수 있으며, 부정적인 감정이 발생하는 곤란한 상황을 다룰 때 효과적인 기술을 제공할 수 있다고 했다.

그 후로도 서연이와 종종 그림으로 이야기를 나누었다. 잘 그리려 애쓰지 않는다. 잘 그릴 솜씨도 없다. 그냥 전하고자 하는 메시지가 드러나기만 하면 그걸로 충분하다. 글이 서툰 서연이도 나름 그림으로 자신의 마음을 표현해본다. 말로 쏟아낼 때는 거침없었는데, 그림으로 표현하다 보니 다소 차분해지며 한 번 더 생각하게 된다. 시각적으로 표현된 자신의 감정을 한 발짝 떨어져 들여다보는 효과가 있어 감정을 조절하는 힘을 갖도록 하는 데도 도움이 된다.

'카톡!'

메시지가 도착했다. 낮에 남편에게 서연이의 사진을 몇 장 보내주었는데 답장이 도착했다. 별말 없었다. 양쪽 눈을 커다란 하트로 덮은 라이언뿐이다. 주저리주저리 쓰지 않아도 전하고자 하는 마음이 고스란히 내게로 와닿았다. 때로는 백 마디 말보다 적절한 이모티콘 하나가 나의 의도를 더 분명하게 전달하기도 한다.

언어로 표현하기 어려운 추상적인 감정을 그림으로 표현해보자. 이미지로 시각화하면 명료해지며 이해하기 쉽다. 잘 그리려 애쓰지 않아도 된다. 전하고자 하는 메시지가 드러나기만 하면 충분하니 아이와 함께 그림으로 말해보자.

아이에게 공감 능력을
심어주는 마법의 말

"엄마, 미워! 내 마음도 안 알아주고!"

자기 뜻대로 되지 않으니 한껏 심술을 부린다. 조금 전까지만 해도 엄마를 세상에서 제일 사랑한다더니 아이의 마음이 순식간에 변해버렸다. 그나마 이유라도 알면 다행이다. 이유도 모른 채온갖 짜증을 받아주고 있다 보면 나의 인내심도 바닥을 드러낸다.

우는 아이가 안쓰러워서였을까, 지친 내 모습이 안타까워서였을까. 시누가 서연이를 토닥이겠다며 품에 안았다. 참 이상하게도 시누 품 안에서 서연이는 울음이 금세 잦아들었다. 한 번 울면 한참을 우는데, 점차 울음을 그치고 둘이서 무언가 소곤소곤 이야기를 나누는 모습이 신기했다. 아들 둘을 든든하게 키운 시누의 달래기 비법이 궁금해 슬그머니 옆으로 다가가 앉았다.

"고모 어렸을 때도 그랬는데."

"고모도 그랬어요?"

"그럼, 고모도 그랬지."

"몇 살 때요?"

"서연이랑 똑같이 다섯 살일 때."

"그때 엄청 많이 울었어요?"

"그럼, 엄청 많이 울었지."

한없이 어른이기만 한 고모도 서연이만한 아이였을 때 같은 경험을 했고 자기처럼 앙앙 울었다는 이야기에 귀가 쫑긋한 모양이다. 따스한 공감대가 형성되며 서연이는 금방 울음을 그치고 도리어 호기심 가득한 눈으로 질문을 쏟아내고 있었다.

"그래서 어떻게 했어요?"

"꾹 참았어. 그런데도 눈물이 나와서 엉엉 울었어. 그런데 서연이는 조금만 우네. 잘했어."

울었는데 도리어 잘했다고 칭찬받았다. 한결 기분이 나아진 서연이는 눈물을 쓱쓱 닦아내더니 어릴 적 고모에 대해서 몇 가지 질문을 더 하다가 곧 다시 하고 싶은 놀이를 했다. 그 이후 '엄마 어렸을 때도 그랬어'는 나에게 마법의 문장이 되었다.

엄마아빠도
어렸을 때 그랬어

공감이란 다른 사람의 감정에 대해 자기도 그렇다고 느끼는 것을 말한다. 공감 능력이 뛰어난 사람은 다른 사람의 감정과 의도를 있는 그대로 온전히 받아들이고 이해한다. 반면 공감 능력이 부족한 사람은 감정 공유가 어렵다 보니 인간관계에서도 껄끄러운 상황을 자주 마주하게 된다. 심한 경우에는 다른 사람의 감정과 고통에 무감각해지며 타인의 바운더리를 함부로 침해해 씻을 수 없는 상처를 안겨주기도 한다.

"그냥 장난으로 그런 거예요."

전국 321만 명의 초·중·고등학교 학생을 대상으로 한 '2022년 학교폭력 실태조사' 결과에 따르면 가해 이유를 물었을 때 '장난이었다', '특별한 이유가 없다'라고 응답한 비율이 34.5%로 가장 많았다. 처음에는 장난이었더라도 고통스러워하는 친구를 보며 얼마나 아플지 진심으로 공감했더라면 멈추었을 것이다. 미안하다 사과하고 같은 잘못을 되풀이하지 않았을 것이다. 그런데 다른 사람의 감정에 대해 공감하는 능력이 부족하다 보니 친구에게 한

없는 고통을 가하면서도 여전히 장난이라 한다. 공감 능력의 부족이 가져온 비극적 결말에 분노가 일렁인다. 우리 아이들에게 진정 필요한 것, 바로 공감의 씨앗이다. 피터 바잘게트 Peter Bazalgette는 자신의 저서 《공감 선언》에서 유아기는 뇌가 형성되고 공감 기능이 만들어지는 중요한 시기라 하며, 어른이 아이에게 사랑을 베풀면 아이는 자신에 대해 좋은 감정을 느끼고 안정감을 느끼며 다른 사람의 필요에도 마음을 활짝 열게 된다고 말했다. 내 아이가 공감 능력을 가진 모습으로 성장하길 바란다면, 부모가 먼저 유아의 감정을 따뜻하게 품어주어야 한다. 부모와 함께 마음을 공유하던 경험이 내 아이의 공감 씨앗이 된다.

서연이가 울부짖을 때면 속상한 마음 만져주겠다며 품에 안는다. 어렸을 때 배가 아프다 하면 '엄마 손은 약손, 아가 배는 똥배' 노래를 부르며 엄마가 내 배를 어루만져 주었던 것처럼 서연이 가슴에 손을 올리고 문질문질한다.

"엄마 손은 약손, 서연이 마음아 말랑말랑해져라."

"엄마, 아직 이쪽 마음이 딱딱해. 여기 좀 문질러 봐."

내 손이 실제로 마음을 만져줄 리는 없겠지만 마음을 다독이며 주문을 외듯이 하다 보면, 눈으로 보이는 동작의 움직임에 의한 것인지 서연이는 보다 빠르게 위안을 얻었다. 실제로 '엄마 손은 약손'이 과학적으로 증명되었다는 기사가 언론에 보도된 적이 있다. 영국 과학 잡지 〈네이처〉에 어머니의 따뜻한 손길이 자녀의 신경조직을 자극해 정서적 안정과 신체 발육을 촉진한다는 연구 결과가 소개된 것이다. 마이클렌 다우클레프Michaeleen Doucleff의 저서《아, 육아란 이런 것이구나》에서도 이를 증명한다. 감정의 분출이 일어나는 동안에는 아이의 우뇌가 명령을 내리는데 우뇌는 비언어적 소통을 담당하는 영역이다. 그렇기 때문에 소리치는 아이를 차분하게 안아주거나, 어깨를 부드럽게 쓰다듬으면 두뇌에 직접 이야기하는 것과 같아서 아이와 훨씬 효율적으로 소통할 수 있다는 것이다.

감정이 너무 격해져 아무것도 귀에 들어오지 않을 때에는 백마디 말보다 부드럽고 다정한 손길이 더 효과적이다. 그다음에는 마법의 문장이 등장할 차례다.

"엄마 어렸을 때도 그랬어. 그래서 서연이처럼 엉엉 울었지."

그러면 신기하게도 서연이의 울음이 잦아들며 나에게 질문을 퍼부었다. 그중에서도 항상 빠지지 않는 질문은 몇 살 때였느냐는 것이다. 기억이 날 리도 없거니와 내가 실제로 몇 살 때 그랬는지는 중요하지 않다. 그에 대한 대답은 항상 '너만 할 때'다.

아이의 감정을 과소평가하지도,
과대평가하지도 않기

유사한 경험을 가진 사람들의 공감대는 두텁다. 팔꿈치 부딪혀 찌릿찌릿한 통증이 느껴질 때, "나도 그런 적 있는데!"라는 옆 사람의 말은 나의 아픔을 알아준다는 생각으로 이어지며 개인 사이의 경계가 허물어짐을 느낀다. '엄마 어렸을 때도 그랬어'라는 말에 엄마도 너만 할 때 그랬기에 너의 마음을 충분히 이해한다는 공감을 담아 전해보자. 네가 얼마나 속상한지 진심으로 이해한다는 마음이 전해지며 단단해진 아이의 경계도 허물어진다. 더불어 누구나 그러하기에 괜찮다는 위로도 포함되어 있다. 사실이 그렇기도 하다. 가만히 눈을 감고 시간을 되감아보자. 지금 내 앞에서 나를 닮은 아이가 울고 있는 것처럼 나 역시 울부짖으며 내 말만 쏟아내던 시기가 분명 있을 것이다. '너만 그런 게 아니야, 엄마도 어렸을 때는 그랬어. 친구들도 아마 그럴 거야'라는 말에 어느새 위안을 얻는다. 합리적인 사고보다 본능의 감정이 앞서던 시기는 누구에게나 있다.

'라떼는'이 되지 않도록 주의해야 한다. 기성세대가 과거를 회상하며 쓰는 표현을 풍자하는 말로, '나 때는 말이야'라며 지금은 좋은 줄 알아라 하는 어투는 거북스럽기만 하다. 내가 경험해 봤는데 별것 아니더라며 아이의 감정을 과소평가해버리면 아이의 불편함은 해소되지 않은 채 서운함만 남긴다.

떼가 잔뜩 난 아이 품에 안고 우리 아이 마음 말랑말랑해지라고 가슴에 손 올리고 문질러보자. 그리고 인내심이 바닥나기 전에 말해보자.

"엄마 어렸을 때도 그랬어."

아이에게는 공감을, 부모에게는 나 역시 그러했음을 상기시키며 마음이 맞닿는 경험으로 이어질 것이다.

tip ──
이렇게 아이의 몰입을 도와주세요

"맞아, 맞아!"
대화 중 오고 가는 맞장구는 나의 말을 경청하고 있다는 의미가 되어 고맙고, 같은 마음이라는 긍정의 의미가 되어 반갑다. 적절한 감탄사와 고개를 끄덕이는 등의 비언어적인 행동만으로도 공감받는다는 느낌에 마음이 한결 편안해지니 적극적으로 맞장구를 더해보자.

아이와의 갈등을
회복탄력성 키우기로

　함께 블록 놀이를 하다가 서연이가 일부러 망가뜨렸다. 자기가 만든 블록을 무너뜨리는 것이야 놀이의 한 과정이기에 문제가 될 것은 없다만, 블록 하나 더 얹어 모양을 갖춰가던 나의 작품까지 일부러 흐트리고는 씨익 웃는다. 어차피 정리할 타이밍이었기에 상관은 없었지만 그냥 넘길 수는 없었다. 내가 아무렇지 않게 넘어간다면 이후에 친구의 놀이를 재미로 망칠 수도 있다고 생각했기 때문이다.

　"아주 멋진 집을 만들고 싶었는데, 서연이가 엄마 블록을 망가뜨려서 속상해."

"일부러 그런 거 아니야!"

서연이는 일부러 그런 것이 아니라 했지만 미안하다는 말은 하
지 않았다.

바운더리는 '인간관계에서 나타나는 자아와 대상과의 경계이자 통로'를
말한다. 바운더리는 자신을 보호할 만큼 충분히 튼튼하되 동시에 다른
사람들과 친밀하게 교류할 수 있을 만큼 개방적이어야 한다. 바운더리가
건강한 어른은 기본적으로 상대를 나와 다른 마음을 가진 독립적인 인간
으로 바라본다. 그러나 바운더리가 건강한 어른이라고 하더라도 관계가
가까워지면 가까워질수록 이러한 관점은 흐려지기 쉽다. 상대가 나와 같
은 마음을 가진 사람이기를 바라고 내 뜻대로 움직여주기를 바란다. 바
운더리가 무너지는 것이다. 인간 관계가 힘들어지는 가장 큰 이유가 바
로 이것이다.

문요한, 《관계를 읽는 시간》, 더퀘스트, 2018년.

자기의 잘못에 대해 일단 방어 기제부터 작동하는 것은 인간의
당연한 본능이다. 곤란하거나 당황스러운 상황을 맞닥뜨리면 말
을 안 하거나 회피하며 일단 모면하고자 한다. 그럴 수밖에 없었
던 이유에 대해서는 온 마음과 머릿속을 헤집어서 백 가지도 넘게

찾으려 한다. 그래도 결론은 하나다. 누군가는 손을 내밀어야 한다. 용기가 필요하다. 사람 사이의 관계가 좋을 때는 아무 문제 될 것 없어 보이지만, 막상 갈등의 상황을 맞닥뜨렸을 때 어떻게 처신하는지에 따라 관계의 질은 달라진다.

작은 좌절은
아이를 크게 키운다

대학원에서 상담 심리를 전공하던 때, 한 교수님께서 부부 사이에 가장 중요한 것은 갈등을 해결하는 방법에 대한 합의라고 하셨다. 서로 다른 성장 배경에서 자란 성격이 다른 두 사람이 삶을 공유하다 보면 동화 속 '그래서 행복하게 살았습니다'처럼 기쁨만 가득하지 않다. 틀려서라기보다는 서로 다르니 그럴 수밖에 없다. 그런데 '다름'을 '네가 틀렸어'로 단언하고 첨예하게 대립하며 서로에 대한 이해가 좁혀지지 않을 때 사람과 사람 사이는 멀어진다. 암묵적으로든 협의를 통해서든 갈등을 해결하는 방법에 대한 일치점을 찾게 되면 묵은 감정이 켜켜이 쌓일 틈을 주지 않는다. 그러기에 아이든 어른이든 나를 보호하면서도 상대와 건강하게 교류할 수 있는 나름의 돌파구가 필요하다.

"마음이 1이야. 시간이 좀 더 필요해."

무슨 말인가 궁금해 물었다.

"유치원 선생님이 그러셨는데 화가 많이 나서 미안하다고 말하고 싶지 않을 때는 시간이 더 필요한 거래요. 그게 1이야. 시간이 지나서 마음이 2나 3 정도 되었을 때 미안하다고 말해도 된다고 하셨어요."

분노에 차 사과할 준비가 되지 않은 상태에서 사과하도록 다그쳐봤자 속 시원한 해결이 되지 않으니 기다림이 중요하다는 메시지에 절로 고개가 끄덕여졌다. 하지만 거기에서 멈춘 채 아이의 속상함만을 앞세워서는 안 될 일이다. 아이가 옳고 그름을 분별할 수 있도록 훈육하는 과정이 이어져야 한다. '너의 행동은 올바르지 못했어'라는 분명하고도 단호한 메시지가 필요하다. 아주대학교병원 정신건강의학과 조선미 교수는 훈육의 과정에서 작은 좌절을 겪고 견디면서 키운 감정의 맷집이 더 큰 좌절을 견디는 힘이 된다고 했다. 이러한 좌절내구력은 어려움과 역경을 스스로 이겨내는 회복 탄력성의 기초가 된다.

잠시 서먹서먹한 시간이 흐르다가, 서연이는 유치원에서 만들었던 토끼 가면을 쓰고 나왔다. 순간 부끄러움이 많아 역할 놀이에 잘 참여하지 않던 학생을 위해 손가락 인형을 가져다 놀이했던 것이 떠올랐다. 손가락 인형을 손가락에 끼워주고 말을 하도록 하면 내가 말을 하는 것이 아니라 인형이 말을 한다고 생각해 좀 더

심리적으로 편안함을 느낀다는 이유에서였다.

"토끼야, 서연이 마음을 엄마에게 전해주지 않을래?"

토끼 가면을 쓰고 토끼처럼 두 손을 앞으로 모은 서연이가 "응응" 소리를 내며 고개를 끄덕인다.

"토끼야, 서연이가 엄마에게 하고 싶은 말이 있을까?"

미안하다고 말하고 싶지 않던 서연이가 토끼 가면을 쓰고 말한다.

"미안하대."

"그런데 왜 미안하다고 안 한대?"

"너무 미안해서 부끄러워서 그런대."

"그럼 엄마 꼭 안아주고 뽀뽀해주면서 '블록 망가뜨려서 미안해요'라고 말하면 된다고 서연이에게 전해줄래?"

말이 끝나기 무섭게 서연이는 토끼 가면을 벗고 서연이로 돌아와 나를 꼭 안아주었다. 볼에 뽀뽀하고 애교 섞인 목소리로 블록을 망가뜨려서 미안하다고 사과했다.

덜 상처받게
훈육하는 법

때로는 이야기를 지어내 대화의 물꼬를 텄다. 갑자기 화를 내며 우는 서연이와 영문을 모르는 나와의 대치 상태가 이어지다 떠올린 묘안이었다.

"여름 아가 이야기 들어봤어?"

"…아니?"

"여름 아가가 엄마랑 같이 재미있게 만들기 놀이를 하고 있었대. 그런데 여름 아가가 갑자기 엉엉 울었대. 왜 우는지는 안 알려주고 크게 울기만 했대. 아가 엄마는 여름 아가가 왜 그런지 모르겠대. 여름 아가가 왜 울었을까?"

"혼자 하고 싶었던 것 아닐까?"

종이접기를 하다 서연이가 갑자기 울음을 터트리며 떼를 부려 왜 그런가 했더니, 엄마가 도와주겠다며 색종이 끝을 살짝 잡아준 것이 화근이었나 보다.

"그렇구나. 그런데 여름 아가가 '나 혼자 할 수 있어요'라고 말했으면 아가 엄마는 알았다고 했을 텐데. 그치?"

"맞아."

노랫말처럼 '내 것인 듯 내 것 아닌 내 것 같은' 이야기에 아이는 공감하고 몰입한다. 평범한 삶 속에서의 특별한 이야기가 아이에게는 감정을 표현하는 안전한 통로가 되었다.

"서연이가 스스로 해내고 싶었구나."

알 수 없었던 아이의 마음이 보이며 선한 의도를 발견한다.

이렇게 아이의 몰입을 도와주세요

부모는 자녀에게 언제나 '든든한 내 편'이다. 이 말은 아이의 잘못에도 아이의 편이 되어주어야 한다는 뜻이 아니다. 사랑을 기반으로 무엇이 옳고, 그른지를 분명히 알도록 훈육해야 한다는 뜻이다.

'내가 하고 싶은 걸 하지 못하게 할 때도, 엄하게 꾸짖을 때도 있지만 그래도 엄마, 아빠는 나를 사랑해.'

아이가 이렇게 생각할 수 있도록 다정하고 단호하게 사랑하자.

사과에 서툰 아이는
어떻게 하면 좋을까

학생들이 하교하고 난 빈 교실에 지민이가 다급한 목소리로 문을 열고 들어왔다.

"선생님, 서아가 화장실에 있는데, 문이 안 열려서 못 나오고 있어요!"

얼른 뛰어가 화장실로 가보니 닫힌 문 너머에서 들려오는 서아의 울음소리가 화장실 안을 가득 채우고 있었다. 먼저 서아를 진정시켜야 했다.

"서아야, 선생님 목소리 들리지? 선생님이 도와줄게. 이제 걱정하지 마."

쉽게 화장실 문은 열리지 않았고, 지민이에게 행정실로 가서 도움을 요청하도록 부탁했다. 어느새 화장실에는 방과후학교 수업을 하다가 소란스러움에 무슨 일인가 싶어 온 몇 명의 학생이 더해졌다. 선생님이 문밖에 있다는 사실에 안심이 되는지 서아 울음소리는 조금씩 잦아들고 있었지만 여전히 두려움에 훌쩍이고 있었다. 시설 담당 주무관이 오기까지 시간을 벌어야 했다.

"깊고 작은 산골짜기 사이로, 맑은 물 흐르는 작은 샘터에~"

화장실에 있던 학생들과 함께 노래를 불렀다. 착한 아이들은 영문도 모른 채 함께 노래를 불렀고, 경쾌한 노래가 화장실 안을 채우며 서아도 진정을 찾아가는 듯했다. 몇 곡의 동요가 더 이어졌고, 시설 담당 주무관의 도움으로 서아는 무사히 화장실 밖으로 나올 수 있었다.

한바탕 소동이 진정되고 난 뒤 예상치 못했던 상황이 이어졌다. 줄곧 화장실 입구에서 쭈뼛쭈뼛하며 서 있던 정연이가 갑자기 울음을 터트렸고, 하교하는 정연이를 데리러 온 정연이 어머니가 정연이를 품에 안은 채 다독였다. 도대체 정연이는 왜 갑자기 우는 것일까 어리둥절했다. 알고 보니 서아가 갇히기 직전 화장실 바로 그 칸에 서아와 정연이가 함께 있었고(초등학생들에게 화장실은 친목을 도모하는 장소이기도 하다), 정연이가 문고리를 가지고 장난을 치다가 먼저 가겠다며 문을 열고 나왔는데 그게 순간 고장이 나면서 그대로 잠겨버린 것이었다.

"우리 정연이가 많이 놀랐나 보네. 서아야, 네가 이해해."

정연이도 놀랐겠지만 그래도 가장 놀랐을 사람은 서아인데, 정연이 어머니는 서아에게 이해하라고 했다. 이럴 때는 먼저 미안하다는 말을 해야 하는 것이 아닌가 싶었지만, 정연이 어머니는 서아에게 이해하라는 말만, 정연이는 엄마 뒤에 숨은 채 훌쩍이기만 할 뿐 아무 말도 하지 않았다. 시간이 필요한 것이겠지 이해하려 했지만, 그 후로도 서아는 정연이에게서 미안하다는 말을 들을 수 없었다.

미안하다고
말하지 않는 아이들

정연이는 미안하다고 말했어야 한다. 엄마 뒤에 숨을 것이 아니라 정연이가 직접 서아에게 미안하다고 말했어야 한다. 잘못이든 실수든 나로 인해 고통을 겪은 친구에게 당장은 어려울 수 있었을지 몰라도 다음 날에는 '어제 미안했어'라며 솔직하게 사과했어야 했다. 정연이 어머니 역시 마찬가지로 정연이에게 사과할 기회를 주었어야 한다. 아이가 혼날까 봐 두려워 그런 것이라면 '괜찮다, 너는 안전하다' 보듬으며 건강하게 표현할 수 있도록 기회를 주었어야 한다. 누구나 실수를 통해 배우기에 나의 잘못이 서로에게 심리적인 상처를 남기는 것이 아니라 또 다른 성장의 디딤돌이 되도록 해야 한다.

《언어의 온도》에서 저자 이기주는 사과를 뜻하는 영어 단어 'apology'는 '그릇됨에서 벗어날 수 있는 말'이라는 뜻이 담겨 있는 그리스어 'apologia'에서 유래했으며, 한자에서도 지난 과오를 끝내고 사태를 다른 방향으로 전환하는 행위가 바로 사과謝過라고 했다. 이와 함께 먹는 사과의 당도가 중요하듯 말로 하는 사과 역시 그 순도가 중요하기에, 책임 회피를 위한 변명의 '하지만'이 스며드는 순간 사과의 진정성은 증발한다고 했다. 그렇다. 사과할 때는 '진심'이어야 한다. 그리고 진심을 현실로 이어줄 같은 잘못을 반복하지 않겠다는 '다짐'의 약속이 필요하다.

아이의 사과에 용기를 불어줄 것

육아하면서도 마찬가지다. 서연이가 잘못할 때면 잘못한 것에 대해 구체적으로 이야기를 나누었다. 물론 서연이는 자기의 잘못을 인정하지 않는다. 자기 마음을 알아주지 않는 엄마가 밉다며 울부짖을 뿐이다. 그런 나를 보고 남편이 조심스럽게 한마디 했다.

"내가 보기에는 둘이 똑같은 것 같은데. 당신도 미안하다는 말 잘 안 하잖아."

나의 찌릿한 눈빛을 느꼈는지 남편은 그다음 말을 꿀꺽 삼켰다. 다음 말을 더하지 않아도 이미 남편이 하고자 하는 메시지는 내 가슴에 콕 박혀버렸다. 자녀에게 가장 사과하지 않는 사람이 바로 부모라는 내용의 글을 본 적이 있다. 아이에게 잘못을 저질러도 그냥 지나쳐버리니 아이 마음에 심리적 상흔을 남기고 심한 경우에는 어른이 되어서까지 영향을 미치기도 한다. 내가 먼저 미안하다는 말을 자주 써보자 했다. 가벼운 실수의 상황에서든 큰 불편함을 안겨준 때든 서연이에게 미안하다고 말하니 서연이는 괜찮다며 되받아주었다. 점차 서연이도 사소한 실수에 대해서는 곧잘 "죄송합니다!"라고 말하게 되었다. 하지만 여전히 정작 꼭 사과해야 하는 중요한 순간에는 미안하다고 말하는 것을 어려워했다. 왜인지 그 마음 알 길이 없어 답답했다.

달리기 시합을 했다. 서연이보다 세 살 많은 지효가 성큼성큼 앞서간다. 서연이도 힘을 내어 악착같이 따라가지만 지효와는 점점 멀어진다. 그러자 서연이가 화를 내었다.

"언니, 미워! 언니랑 같이 안 놀거야!"

달리기에서 졌다는 속상함과 자기를 혼자 두고 가버린 지효에 대한 서운함이 폭발했다. 서연이의 짜증이 멈추지 않고 언니 밉다는 말을 반복하자 결국 지효도 토라져 버렸다. 그저 최선을 다해 달린 것뿐이니 그럴 만도 하다. 옳지 못한 행동에 대해 이야기를 나눈 후 지효에게 미안하다고 사과하자고 했지만 서연이는 용기가 나지 않는다고 했다.

엄마 손에 미안하다고 말을 하면 배달을 해주겠다고 했다. 서연이는 들릴락말락 아주 작은 목소리로 미안하다고 말했다. 작은 소리는 손가락 틈 사이로 빠져나가 배달이 안 되니 용기를 내어 조금 더 큰 소리로 말해보자 했다. 몇 차례 시도한 끝에 어렵게 서연이의 입에서 미안하다는 말이 흘러나왔고 나는 그 미안하다는 말을 손에 담아 서연이와 함께 지효에게 배달했다. 서연이는 혹시라도 말이 손가락 틈 사이로 빠져나갈까 봐 내 손 아래를 잘 받쳐주었다. 지효는 바로 옆에서 손에 미안하다고 말하는 목소리를 이미 들은지라 피식 웃는다. 지효 웃음에 서연이도 마음이 놓였는지 눈물 그렁그렁한 얼굴로 함께 웃는다.

"미안해. 하지만 일부러 그런 건 아니야."

사실이다. 일부러 불편함을 주고 싶었던 것은 아닌데 의도치 않게 상대의 마음을 아프게 하였고 그 결과 사과를 하고 있으니 맞는 말이다. 그럼에도 '하지만'이 스며드니 미안하다 말이 진심인지 다소 의심스럽다. 의도했든, 의도하지 않았든 잘못한 것은 잘못한 것이다. 어쩔 수 없었다는 핑계만 찾다가는 옳고 그름의 경계마저 흐려진다. 잘못한 행동에 대해서는 담백하게 미안하다 사과하자. '하지만'은 빼고.

동네에서
사회관계를 익힌다

"타요타요~ 타요타요~ 개구쟁이 꼬마 버스 붕붕붕~ 씽씽씽~
달리는 게 너무 좋아~ ♪ ♬"

길을 가다 파란색 시내버스를 만나면 어김없이 서연이의 노랫
소리가 들려온다. 어른의 눈에는 그저 운행 중인 시내버스일 뿐인
데, 서연이에게는 그렇지 않은가 보다. 커다란 눈이 매력적이고 방
귀를 뿡뿡 뀌는 것을 자신의 개인기라 소개하는 개구쟁이 꼬마 친
구인지라 그저 반갑다. 문득 초등학교 교실에서 아이들과 버스와
관련된 수업을 할 때의 기억이 떠올랐다. 버스를 탔을 때의 안전

수칙과 공공질서와 관련된 내용이었는데, 질문을 던질 때마다 학생들은 이미 알고 있다며 척척 발표했다. 그런데 버스를 타본 경험을 물어보니 한두 명만 조심스레 손을 들뿐 대부분은 버스를 타본 적이 없다는 것이다. 생각해보면 요즘 아이들은 버스를 탈 기회가 별로 없다. 초등학교는 집 가까운 곳에 있어 걸어 다니기에 충분하고, 학원에 갈 때는 하교 시간에 맞추어 교문 앞에 줄지어 서 있는 노란색 학원 차량에 타면 된다. 가족들과 함께 어딘가로 가야 할 때도 부모님 소유의 자동차를 타고 가면 그만이다.

사회성이라 하면 대부분의 부모는 또래 관계를 떠올리지만, 이는 또래 관계에만 머무르지 않는다. '나'와 '너'에 우리를 둘러싸고 있는 시간과 공간의 개념을 더했을 때 사회가 되듯이 넓은 시선으로 바라보아야 한다. 초등학교 사회과 교육과정에서는 학년이 높아짐에 따라 자기 자신을 중심으로 손쉽게 경험할 수 있는 곳에서부터 시작해 먼 곳으로 학습 내용을 확장한다. 가족과 주변 이웃에 대해 배우고, 내가 살고 있는 고장, 지역사회, 우리나라를 거쳐 세계로 시야를 넓히는 것이다. 물론 다양한 정보 통신 매체의 발달로 지구 반대편 나라의 환경과 문화가 전혀 생소하지 않은 시대이기에 경계를 명확히 구분하기 보다는 탄력적으로 운영하고 있다. 이는 유치원 누리과정에서도 마찬가지다. '나를 알고 존중하기', '더불어 생활하기', '사회에 관심 가지기'로 사회관계 영역이

구성되어 있다. 나와 내 주변의 사람뿐만 아니라 내가 살고 있는 곳에도 관심을 가지고 바라보는 경험이 필요하다.

동네 여행으로 경험하는 사회의 모습

함께 버스를 탔다. 버스를 글이나 개구쟁이 타요의 모습만이 아닌 살아있는 경험으로 느끼게 해주고 싶었다. 설렘 가득한 얼굴로 버스 정류장에 서서 버스를 기다렸다. 운행 준비를 마친 파란색 타요 버스가 천천히 버스 정류장으로 들어서자 서연이의 얼굴에는 두근거림이 가득하다. 교통카드 단말기에 미리 준비한 버스 카드를 대니 어색한 기계음이 반갑게 맞아준다. 어리둥절한 서연이의 손을 꼭 잡고 빈자리에 가서 앉았다. 내 무릎 위에 앉은 서연이의 몸에 힘이 잔뜩 들어간 것을 보니 꽤 긴장했나 보다. 그렇게 우리의 미니 여행은 시작되었다. 버스 정류장에 멈출 때마다 서연이는 눈이 동그래진다. 호기심 가득한 눈으로 버스에 타고 내리는 사람들을 바라본다. 버스 카드가 교통카드 단말기와 만날 때마다 "삐~ 승차입니다", "삐~ 하차입니다", "삐~ 환승입니다" 등의 소리가 나는 것이 재미있는지 고개를 돌려 나를 보더니 씨익 웃는다. 그 모습에 함께 웃는다. 하차 버튼에 빨간불이 켜졌다. 저절로 눈길이 간다. 만져보고 싶은가보다. 하지만 이미 불이 켜진 하차 버튼을 다시 눌러보아도 좀 전과 같은 반응은 나타나지 않는다. 서연이에게 소곤소곤 설명해주었다. 그리고 대여섯 정거장쯤 지났을 때 하차 버튼을 눌러보도록 하니 조심스러우면서도 힘껏 꾹 눌러본다. 원하던 반응이 나오자 또다시 신이 났다. 함박웃음 가득한 얼굴로 눈맞춤을 한다. 해냈다는 기쁨이 가득하다. 하차 버튼을 눌렀으니 이젠 내려야 한다. 처음부터 목적지가 있어서 출발한 여행이 아니었다. 버스를 타는 것이 우리의 목적이었기에 어디에든 내리면 그만이다. 특별히 해야 할 일도 없는 우리는 자연스레 길 건너 편의점으로 향했다. 어린이 음료수 하나, 주스 하나 고르고 계산 후 편의점 앞 야외 테이블에 자리하고 앉았다. 플라스틱 의자에 앉아 공중에 뜬 두 발을 앞뒤로 흔들며 어린이 음료수를 마시는 모습에서 한껏 신이 났음이 전해진다. 우리는 다시 버스 정류장에서 버스를 탔고, 왔던 길을 되짚어 집으로 돌아왔다. 짧지만 강렬한 미니 여행이었다.

그 후로 서연이와 함께 마을 구석구석으로 마실을 떠났다. 마실은 사전적 의미로 '이웃에 놀러 다니는 일'을 뜻한다. 우리가 살고 있는 동네 모든 곳이 마실 여행의 장소가 되었다. 우체국, 은행, 도서관, 병원, 가게! 모든 곳이 즐거운 놀이터였고 그곳에서 다양한 사회의 모습과 감사를 배웠다. 미국의 **철학자이자 교육학자인**

존 듀이John Dewey는 아이들을 환경과 능동적으로 상호작용하는 사회적 존재로 보았다. 아이는 사회와의 끊임없는 상호작용으로 계속해서 경험을 재구성하는 가운데 주체적이고 자발적으로 성장한다. 그 때문에 직접 경험을 통한 교육이 중요하다고 강조했다. 한 아이를 키우려면 온 마을이 필요하다는 말은 그래서일 것이다. 그만큼 육아가 힘들다는 말일 수도 있고 여러 사람의 손길이 보태져야 한다는 의미일 수도 있겠으나, 한 아이가 사회 구성원으로 성장하기까지 주변에서 보고 배우는 모든 것이 아이의 내면을 풍성하게 하니 그야말로 온 마을이 힘을 모은 덕분이라 할 수 있겠다.

요란한 사이렌 소리를 울리며 다급하게 지나가는 소방차와 구급차가 서연이의 호기심을 한껏 자극했는지 소방차와 구급차를 볼 때마다 서연이는 매번 좋아했다. 사이렌을 울리지 않아도 반가워했고, 사이렌을 울리며 지나가면 그 소리의 크기만큼 열광했다. 사이렌 소리가 들려오면 마주한 적도 없고 대화한 적도 없는 사람들이 한뜻으로 길을 터주는 훈훈한 모습에 마음이 뭉클해진다. 저 구급차가 오기를 절실하게 기다리고 있을 누군가가 그려지며, 나의 간절함도 구급차에 실어 보낸다. 위급한 일이 있을 때 출동해서 도와주는 구급차는 아이에게도 어른에게도 그야말로 슈퍼 영웅인 셈이다. 영화 속에서는 우리 주변에서 쉽게 볼 수 있을 법한 아주 평범한 사람이 슈퍼 영웅으로 변신을 하고 위기로부터 시민들을 구한다. 이제는 진부해졌을 법한 소재임에도 사람들은 여전히 슈퍼 영웅에 열광한다. 그런데 어찌 보면 슈퍼 영웅은 우리 가까이에 있다. 이름 모를 누군가를 위해 사이렌을 울리며 달려가는 그들이 그러하고, 얼른 가라며 기꺼이 길을 터주는 운전자들이 그러하다. 내가 사는 곳이 살만한 이유는 사회 곳곳에서 주어진 일을 묵묵히 해내는 이들이 있기에 가능하다. 아이와 함께 손잡고 사회 곳곳의 숨은 영웅을 만나러 미니 여행을 떠난다. 목도하고 감사하며 내 아이 또한 슈퍼 영웅으로 자랄 날을 함께 꿈꾼다.

tip
이렇게 아이의 몰입을 도와주세요

아이와 함께 대중교통을 이용해 여행을 떠나보자. 코끝을 스치는 버스 특유의 냄새, 창문 밖으로 보이는 낯선 풍경이 오감을 자극한다. 각자의 목적지를 향해 가는 사람들에게서 다양한 삶의 모습을 마주한다. 어떤 길로 어떻게 갈지를 고민하다 보면 공간 지각력은 저절로 얻어지는 선물이다. 멀리 가지 않아도 좋다. 몇 정거장 떨어진 편의점으로 가서 아이스크림 하나 사 먹고 와도 좋고, 다이소에서 마음에 드는 물건 하나 사와도 좋다. 자동차를 이용해 이동하는 것보다 시간과 비용이 더 들겠지만 대신 아이는 소중한 경험을 얻었다.

동네 나들이를
몰입으로 바꾸는 법

A4 종이에 색연필을 가져다 우리만 알아볼 수 있는 동네 지도를 그린다. 축척과 범례는 고려하지 않은 엉터리 지도이지만, "여기가 우리 집이고 이 길을 따라가면" 등의 설명이 덧붙여지니 제법 그럴듯한 동네 지도가 완성된다.

"서연아, 우리 오늘 소아과 가야 하는데, 서연이는 어디 가고 싶어?"

가야 하는 곳과 가고 싶은 곳을 색연필로 표시한 후 한 바퀴 돌아오기에 적절한 순서를 정한다. 합리적인 순서보다는 아이 마음이 먼저다.

"당연히 붕어빵부터 먹으러 가야지!"

다른 색의 색연필을 가져다 집에서 출발해 붕어빵 노점에 들렀다가 다음의 장소로 이동하는 선을 이어 그린다. 의견이 받아들여졌기 때문인지 이후의 순서에 대해서는 좀 더 너그러워진다. 짐이 생기는 곳을 마지막으로 하면 마실 도중에 수고로움을 덜 수 있다는 경험 덕분에 가장 크고 무거운 짐이 생기는 동네 마트를 제일 마지막 순서로 하겠다는 걸 보면 마구잡이 순서는 아닌 듯하다. 이제 준비는 끝났다. 함께 정한 마실 여행 코스에 따라 엉터리 지도 한 장 들고 떠난다. 서연이가 작은 손에 지도 한 장 들고 그다음은 어디 차례라며 앞장선다. 지도 위에서만이 아니라 서연이 머릿속에도 계획이 훤하니 걷는 걸음에 거침이 없다.

갈림길에서 몰입하는
선택의 순간들

미리 목적지를 정하고 움직이는 게 아닌 마실 자유여행을 떠나보자며 길을 나섰다. 어디로 갈지는 아무도 모른다. 꼭 어디 가야할 곳이 있거나 가고 싶은 곳이 있어서 여행을 떠나는 것은 아닌것처럼 우리의 마실도 그렇다. 그냥 콧바람 좀 쐬고 싶으니까 시간 보낼 겸 그냥 그렇게 목적지 없는 방랑자가 되어 길을 떠난다. 이내 갈림길을 만난다. 선택의 순간이다.

서연이는 선택을 힘들어했다. 오죽하면 자주 가는 편의점 사장님은 서연이가 매장에 들어서면 오래 걸릴 것을 아시고는 다 고르면 부르라며 창고로 들어갔다. 한참을 고민한 끝에 엄마가 고르라며 선택을 미루기 일쑤였고, 정작 자기 마음에 들지 않는다며 투정을 부렸다. 아이 마음을 들여다볼 수도 없고, 설령 들여다볼 수 있다손 치더라도 아이가 선택해야 할 몫을 대신해주고 싶지 않았다.

《열두 발자국》에서 정재승 박사는 반드시 결정을 내려야만 하는 상황에서 결정을 지나치게 미루는 행위에 대해 말하며 정보의 양은 많아졌지만, 의미 있는 정보가 뭔지 몰라서 오히려 의사결정이 어려워졌다고 했다. 선택지가 많을수록 더 나은 의사결정을 할 것 같지만, 실제로는 오히려 만족스러운 결정을 방해하는 것이다. 이와 더불어 결정을 잘 못하는 사람들의 공통점이 바로 '실패에 대한 두려움이 크다'라는 것이다. 스스로 의사결정을 해야 하는 상황에서 자신의 결정을 확신하지 못하니 결국 남는 것은 망설임이다. 최선의 선택을 하고 싶다. 하지만 항상 최선일 수만은 없다. 그 순간 내가 최선이라 판단했으면 그것으로 충분한데, 뒤돌아서서 내가 선택하지 않은 남은 것에 대해 미련이 남는다. 잘못된 선택이어도 괜찮다는 경험이 필요하다. 무엇이든 나의 의도대로 흘러가지는 않는 인생에서 때로는 잘못된 선택이 의외의 기쁨을 가져오기도 함을 깨달으며 아이도 선택 앞에서 좀 더 여유를 찾기를 바랐다.

"어느 길로 갈까?"

선택은 오롯이 서연이 몫이다. 서연이는 진지하게 고민을 하더니 한 길을 선택했다. 선택지가 둘 혹은 셋으로 한정되니 선택이 한결 과감해진다. 선택한 그 길로 걷는다. 다음 갈림길을 만났을 때도 마찬가지다. 그렇게 순간의 선택이 이어지며 마실 자유 여행 코스는 그날의 기분에 따라 제멋대로 짜였다. 급하게 시간 맞춰 가야 할 곳이 없으니 서두를 필요 없다. 덩달아 걸음도 자유롭다. 느긋하게 마음 가는 대로 걷다 보면 평소보다 더 멀리 가기도 하고, 익숙한 길 바로 옆 낯선 골목을 탐험하기도 한다. 사라져버린 단골 가게에 아쉬운 탄식이 흘러나온다. 반면 새로 생긴 가게를 발견할 때면 무엇을 파나 호기심 가득한 눈으로 바라본다. 그러다 갑자기 아는 얼굴이라도 마주치면 반가움은 두 배가 된다. 뚜벅이 여행이 주는 매력이다. 어떤 선택을 하더라도 괜찮더라는 경험이 선택 앞에서의 부담을 덜어주었고, 그렇게 스스로 선택하는 경험을 조금씩 늘려갔다.

수업 시간, 학생들에게 주말에 뭘했는지 묻는다. 산에 다녀왔다고 한다. 무슨 산이냐는 질문에 그건 모르겠다고 한다. 박물관에 다녀왔다고 한다. 어디에 있는 박물관인지 거기에서 무엇을 보았는지 물으니 마찬가지로 그건 모르겠다 한다. 부모의 계획에 따라 수동적으로 따라가기만 하니 아이들의 기억에 남는 것은 그저 어딘가를 다녀오기는 했다는 사실 뿐이다.

"공룡 박물관이랑 수목원이랑 케이블카 타는 데가 있어. 그중에 어디 갈까?"

아이에게도 선택의 몫을 남겨주었으면 좋겠다. 초등학생이라면 어디로 가고 싶은지 뭘하고 싶은지 스스로 조사해보도록 할 수 있겠지만 4~7세는 그러기에는 아직 어리기에 몇 가지의 선택지를 주고 고르도록 하는 정도만 해도 충분하다. 막상 가보면 별것 아닐 수도 있다. 그래도 괜찮다. 완벽한 선택이 아니어도 가보지 않은 곳에 대한 아쉬움이 남더라도 괜찮다. 좋은 사람과 함께 하니 이 또한 좋은 추억이 된다.

"엄마 너무해! 다 엄마 마음대로 하고!"

식사 전에 아이스크림을 먹겠다는 아이에게 밥 먹고 난 후 아이스크림 먹으라 말하니 화를 냈다. 내 뜻대로 좌지우지한 것도 없는 것 같은데 다 엄마 마음대로 했다고 말하니 나도 억울했다. 지금부터는 서연이 마음대로 해보자 했다.

"오른쪽 길과 왼쪽 길 중에서 서연이의 선택은?"

"망고 맛 아이스크림과 딸기 맛 아이스크림 중에서 서연이의 선택은?"

말끝마다 서연이의 선택을 물었고 서연이가 결정할 때마다 좋다고 외쳤다. 지름길 대신 다소 돌아가는 길로 걸어 집으로 향했고, 빵집 앞에서는 다음 날 아침으로 빵을 먹겠다는 아이의 뜻에 따라 빵을 샀다. 어느새 마음이 풀렸는지 다정한 목소리로 붕어빵 가게 앞에서 서연이가 말했다.

"엄마, 팥으로 먹을지 슈크림으로 먹을지 엄마 마음대로 해!"

슈크림을 좋아하는 엄마의 취향을 뻔히 알고 있는 서연이의 답정녀 대답이었다.

아이에게
자기만의 지도를 선물하라

커다란 전지 한 장을 꺼냈다. 연필로 대충 위치를 잡은 후, 색연필로 길을 그렸다. 우리에게 의미 있는 장소만을 담아 좀 더 단순하게 표현해본다. 축척에 따른 거리가 정확할 필요는 없다. 가깝고 먼 정도는 구분할 수 있어야겠지만 눈대중으로 슥슥 그려도 상관없다. 작은 골목까지 세세하게 그릴 필요도 없다. 혹시라도 빠트린 부분이 있으면 나중에 추가로 그려 넣으면 되니 문제 될 것은 없다. 우리가 자주 가는 길만 그리니 큰 틀이 금방 완성되었다. 서연이는 뭘 하는지 짐작하기 어렵다는 호기심 가득한 눈빛으로 옆에

찰싹 붙어 쉴 새 없이 묻는다. 우리만의 마을 지도를 그려보자 하니 고개는 끄덕이는데 아직은 잘 모르겠다는 표정이다. 휴대폰 하나 들고 마실을 떠났다. 오늘 마실의 주제는 동네 탐험이다.

아이와 함께
동네 지도 만들기

"좋아하는 음료수를 사려면 어디로 가야 할까?"

"우체국이 어디에 있지?"

"여기에서 거기까지 걸어가려면 얼마나 걸릴까?"

초등학교 2학년 통합 교과 과정 중에 동네를 탐험하고, 동네 모습을 그려보는 수업이 있다. 학생들은 익숙한 장소에 대해 온갖 질문을 쏟아대며 커다란 종이 위에 지도를 그려본다. 분명 아는 곳인데 지도에 표시해보려 하니 알쏭달쏭하다.

직접 동네를 탐험하며 눈으로 확인하고 손으로 그려보니 안다 생각했던 것들이 비로소 명료해진다. 어느덧 단골 가게들로 지도가 꽉 채워졌다. 아이들의 머리를 거쳐 표현된 지도 안의 세상은 또 다른 세상이다.

이 때의 수업을 떠올리며 길을 가다 서연이가 좋아하는 곳마다 사진을 찍었다. 우리집, 유치원 버스를 타는 곳, 편의점, 빵집, 문구점, 마트, 아이스크림 가게, 다이소, 꼬마 김밥 가게, 꽈배기 가게. 먹는 곳이 압도적으로 많다. 그중에서도 아이스크림 가게는 무인 가게를 비롯해 서른 가지가 넘는 종류의 아이스크림을 판매하는 아이스크림 전문점, 소프트아이스크림을 판매하는 패스트푸드점, 소프트아이스크림에 초코를 얹어주는 또 다른 패스트푸드점까지 구분해서 모두 사진으로 찍어야 한단다. 살짝 손을 더해 서연이가 자주 가는 소아과 병원과 은행, 도서관도 사진으로 담는다.

집으로 돌아와 컴퓨터를 켜고 적당한 크기로 사진을 편집한다. 서연이는 '얼른 애한테 일 시키라'며 보챈다. 여기서 애는 프린터 기다. 프린터기에 귀가 있었으면 참으로 서운하다 하겠지만 서연 이의 다그침에 얼른 출력 버튼을 누른다. 서연이는 출력한 사진을 가져다 가위로 오렸다. 테두리가 삐뚤빼뚤하지만 그래도 괜찮다. 직접 한다는 것에 의미가 크다. 커다란 전지 지도의 적당한 위치에 사진을 올려 두면 풀칠하고 사진을 붙이는 것도 서연이 몫이다. 사진이 더해지니 제법 그럴듯해 보인다. '여기 어디인지 나 안다'는 허세 가득한 말로 흥을 보태다 보니 어느새 전지에 우리 동네가 내려앉았다. 전지 지도를 한쪽 벽에 붙여두고선 그냥 두었다. 그러다 거실 바닥에서 뒹굴거리며 심심하다던 아이가 지도를 보더니 이곳을 가자고 손가락으로 콕 집는다. 어느 날에는 왜 여기는 비어 있냐며 그곳엔 뭐가 있는지 궁금하다는 질문을 던진다.

그러면 우리는 가보지 않은 길을 찾아 마실을 떠났다.

《바람의 딸 걸어서 지구 세 바퀴 반》의 저자 한비야는 집안 곳곳에 놓인 세계지도가 최고의 장난감이었고 가족들과 함께 지명 찾기 놀이를 하며 세계를 향한 꿈을 키웠다고 한다. 내가 사는 곳을 닮은 절대 깔끔하지 않은 지도가 벽에 붙어 있다. 이 땅 위에 두 발 딛고 서서 단단한 마음으로 더 넓은 세계를 품길 바라며 이제는 옆에 나란히 세계지도를 붙인다. 배낭 하나 메고 잘 다녀오겠다며 현관문을 열고 힘찬 걸음을 내디딜 딸의 모습을 그려본다.

tip
이렇게 아이의 몰입을 도와주세요

여행을 가면 서연이는 지도 담당이다. 차 안에서는 내비게이션을 보며 어디에 과속 카메라가 있는지, 과속방지턱이 곧 나온다는 등의 이야기를 쉴 새 없이 전한다. 여행지에 도착해서도 마찬가지다. 안내 지도를 손에 들고 유심히 바라보는 아이의 눈길이 바쁘다. 직접 만든 마을 지도든, 관광지에서 무료로 얻은 안내 지도든, 세계지도든 아이에게 넘겨주자. 작은 물병 하나, 먼지 낀 카메라, 때 묻은 지도 가방 안에 넣고서 끝없이 이어진 길을 천천히 걸어간다던 김동률의 노래처럼 지도 밖 세상을 마음에 품는 첫걸음이 된다.

여행에서만 경험할 수 있는 몰입이 있다

　대천항에서 배를 타고 한 시간 정도 먼 바다로 나가면 호도라는 섬을 만나게 된다. 호도는 여우를 닮아 붙여진 이름으로 여우섬이라고도 한다. 2019년, 남편이 전교생 다섯 명이던 호도 분교로 발령받으면서 나와 서연이도 호도에 자주 방문하게 되었다. 주말에도 일직으로 인해 집에 오지 못하는 남편이 보고 싶어서 가기도 하고, 조금 긴 연휴가 있을 때면 어디 갈까 고민할 것도 없이 호도로 향했다. 남편이 거주하는 초등학교 관사에서 머물면 되니 숙소를 따로 예약할 필요도 없었다.

가는 길이 쉽지 않고, 더 이상 남편이 근무하지 않는 호도에 나와 남편은 다시 가고 싶어 했다. 그리고 2021년 호도를 다시 찾았다. 그대로인 모습이 반가웠다. 변한 것이라고는 선착장에 줄지어선 리어카의 수가 제법 줄고 전기 카트가 눈에 띄게 많이 늘었다는 것이다. 민박집 사장님의 도움을 받아 짐을 전기 카트에 실어 보내고 천천히 길을 걸었다. 급할 게 없는 섬에서의 시간이다.

호도에는 차가 다니지 않아 동네 산책을 할 때 참 좋다. 여기저기 마음껏 뛰어다녀도 걱정이 없다. 어렸을 때 동네 골목에서 천방지축 놀던 것처럼 딸과 함께 동네 산책을 나선다. 조그마한 바다 슈퍼는 꼭 들려야 하는 필수 코스다. 아이스크림 하나 입에 물고 동네 한 바퀴 산책하다 보면 어느 길로 가든 바다로 이어진다. 나뭇가지를 주워다 해변을 스케치북 삼아 커다랗게 그림을 그려본다. 글씨도 써본다. 형태를 알아볼 수 없는 글과 그림이 채워지다 결국엔 털썩 주저앉는다. 자연스레 모래 놀이로 이어진다. 마음껏 흙을 파고 바다에서 물을 길어 부어본다. 오가는 파도와 나 잡아보라며 잡기 놀이를 하다가 옷이 조금이라도 젖으면 그대로 물속으로 들어가 첨벙첨벙 물놀이한다. 이리 놀아도 좋고 저리 놀아도 좋은 시간이다. 남편은 해변에 널려있는 조개껍데기와 해초를 가져다 얼굴을 만들었다. 지나칠 때는 그저 널려있던 것들이었는데 한데 모이니 작품이 되었다. '새활용'으로, 쓸모없거나 버려지는 물건을 새롭게 디자인해 예술적, 환경적 가치가 높은 물건으로 재탄생시키는 재활용 방식이라는 남편의 설명이 덧붙여지니 더욱 그럴싸해 보인다. 조개껍데기와 함께 파도에 닿고 닿아 무뎌진 유리 조각을 주워다 물고기 모양을 만들어본다. 재미있어 보이는지 서연이도 조개껍데기를 주우며 손을 보탠다. 자연물을 오롯이 온몸으로 느끼니 더할 나위 없다.

여행이라는 이름으로 특별하게 각인된다

느린 속도로 여유로운 일상을 확장하고 싶은 사람들의 수요가 높아지고 있다. 이에 따라 익숙한 삶의 공간에서 벗어나 낯선 곳에서 오래 머물며 장기간 거주하듯 여행하는 '한 달 살기'가 하나의 트렌드로 떠올랐다. 현지인의 삶을 고스란히 온몸으로 느끼고 싶은 마음을 담아 '여행'이라 하지 않고 '살기'라 하는 것처럼 한 달 동안 여기에서도 머물고, 저기에서도 머물고 싶다. 한 달 살기를 위해 일부러 한 달의 시간을 내는 이들이 늘었다 하지만, 한 달을 통으로 비우기란 사실 쉽지 않다. 그야말로 시간 부자인 사람들이 할 수 있는 선택이다. 그에 대한 대안으로 보름 살기, 일주일 살기가 새롭게 등장하고 있지만 그도 여의치 않으니 그럴 때는 익숙한 장소를 여러 번 방문하는 것도 방법이겠다. 호도에서의 근무를 마치고 본교로 자리를 옮긴 남편은 여전히 바닷가에 있는 초등학교에서 근무하고 있다. 그리고 우리 가족은 자연스레 몇 년째 같은 바다로 여행을 간다. 색다른 장소를 찾아 이곳저곳 여행하는 것도 좋지만 익숙한 곳을 반복해서 찾는 것에도 나름의 묘미가 있다. 여행자로서의 감성과 현지인의 편안함이 적절히 뒤섞인 듯하다고나 할까. 오늘내일 다 둘러보아야 한다는 조급함 없이 같은 곳에 머물며 유유자적 여기도 가보고 저기도 가본다. "바다에 가자" 하면 서연이도 이전에 좋았던 경험을 떠올리며 일단 좋아하고 본다. 어디에서 무엇이 재미있었는지 기억을 끄집어내며 또 하고 싶다는 기대감을 드러내기도 한다. 좋아하는 그림책을 보고 또 보는 것처럼 같은 여행지에서 좋았던 경험을 반복하니 아이의 머리와 마음에 더 깊이 각인된다. 같은 곳이라 하여 마냥 같지만은 않다. 봄, 여름, 가을, 겨울마다 매력을 달리하는 모습은 같은 공간임에도 새롭다.

옛 추억에 새로운 추억을 덧입히기

다 함께 여행하다 보면 자연스레 많은 이야기가 오고 간다. 어디를 갈지, 무엇을 할지, 뭘 먹을지에 대한 대화를 넘어 온갖 이야기가 뒤엉키듯 쏟아진다. 바다 수평선 너머로 붉게 물든 해가 작별 인사를 하는 경이로운 자연 앞에서 나도 모르게 새어 나오는 감탄과 순간의 감동을 함께 나눈다. 때로는 나른하기도 하고, 때로는 역동적이기도 한 시간들이 마음에 차곡차곡 쌓이며 공감대는 더욱 두터워진다.

몇 달 전에는 남편과 함께 데이트할 때 가본 적이 있는 지역 내 야경 명소로 유명한 산에 서연이와 함께 올랐다. 이 길이 맞나 싶은 산길을 계속 오르다 보면 어느 순간 도시 전체가 한눈에 보인다. 탁 트인 그곳에서 흩뿌려진 색색의 별빛과도 같은 야경을 내려다보았다. 시야를 가득 채우는 찬란한 야경에 나도 모를 감탄이 흘러나온다. 세월이 흘렀음을 일러주기라도 하듯이 공터와도 같았던 산 정상에는 멋스러운 한옥 전망대가 새로 생겼다. 공터 옆 작은 매점에서 따뜻한 코코아 한 잔 사서 호호 불며 온기를 채우던 20대의 추억이 새록새록 떠오른다. 결혼 전의 나와 아이 엄마가 된 내가 겹쳐 보이며 묘한 기분에 휩싸인다. 서연이는 엄마의 추억 이야기를 귀담아들었다. 서연이의 이야기가 더해지며 옛 추억에 새로운 추억이 얹어졌다.

문득 호도에서 남편이 학생들과 함께 그림을 그렸던 작은 돌멩이가 떠올랐다. 초등학교에 어린 왕자와 여우를 담은 벽화를 그리다가 저마다 마음에 드는 돌멩이 하나씩 집어다 그림을 그렸다고 한다. 남편은 동글 납작한 돌멩이에 반려견 겸이를 그렸다. 흔하디 흔한 돌멩이가 세상에서 단 하나뿐인 의미가 되었다. 저 멀리 바다 건너 여우섬, 그곳에 자리한 이제는 문을 닫은 초등학교 계단에서 여전히 바다를 바라보고 있을 겸이 돌멩이를 만나러 호도에 다시 한번 가보고 싶다.

tip
이렇게 아이의 몰입을 도와주세요

같은 지역으로 여러 번 여행을 떠나자. 익숙한 듯 낯선 곳에서 아이가 주도적으로 여행을 즐기고 탐험할 수 있게 기회를 주길 바란다. 많이 보고 느끼고 체험해야 한다는 조급함은 내려놓고 느린 속도로 시간의 흐름을 즐기자.

5장 관계 몰입

잠들기 전,
오늘의 행복으로 몰입

자려다 말고 갑자기 서연이가 벌떡 일어나 앉더니 울먹인다. 억울한 마음을 꾹꾹 눌러 담은 말에는 속상함이 가득하다. 어떤 날에는 유치원에서 있었던 일을 말하기도 하고 또 어떤 날에는 자기 마음을 알아주지 않는 엄마가 밉다며 서운한 마음을 내비치기도 한다. 이미 낮에 마음을 다독여주었지만, 여전히 남아있는 감정의 파편들은 어찌하기 힘든가 보다.

캄캄한 방에 나란히 누워 꼭 안고선 토닥인다. 눈물을 글썽이다 이내 잠든 모습을 바라보니 꿈속은 편안할는지 걱정이 되었다.

하루 동안 외부로부터 들어온 수많은 정보가 단기 기억에 머물렀다가 잠을 자는 사이에 차곡차곡 정리되며 장기 기억으로 이어진다는데, 그날의 상처 받은 기억이 장기 기억의 저장 창고로 들어가 뿌리를 내리면 어쩌나 하는 생각도 들었다. 매일 기분 좋은 일만 있을 수는 없는 것이 당연하지만 하루를 정리하고 잠이 드는 때에는 속상했던 기억은 툭툭 털고 행복한 기억을 떠올리며 잠에 들기를 바랐다.

말로 전하는 감사 일기

누구나 행복하기를 원한다. 일상에서 소소하지만 확실한 행복을 찾고자 하는 사회적 공감대가 형성되며 '소확행'이라는 신조어도 등장했다. 어떤 이는 커피 한 잔에서, 또 어떤 이는 잊었던 취미 생활을 통해 자신만의 소확행을 찾는다. 그럼에도 행복하지 않은 이유는 열댓 개도 넘게 말하면서 행복한 이유 한 가지를 선뜻 떠올리기는 쉽지 않다. 힘듦에 초점을 맞추어 생각하고 말하다 보니 정말 불행한 것 같다는 악순환에 빠진다. 부정의 알고리즘 속에서 긍정으로 다시 올라서기 위해서는 마음가짐을 바꿀 무언가가 필요하다. 소소하지만 확실한 행복을 찾아가는 여정에 '감사 일기'가 바로 그 디딤돌이 될 것이다. 감사한 것들을 생각으로만 떠올렸을 때보다 썼을 때 더욱 강력해진다며 누군가는 감사 일기 쓰기를 추천한다. 하지만 글쓰기가 익숙하지 않은 유아에게 감사 일기를 쓰는 과정은 감사함을 떠올리는 것보다 글씨 공부의 한 과정으로 인식될 수도 있기에 감사하는 마음에 초점을 맞추고자 고마웠던 것을 떠올리며 말로 감사 일기를 썼다.

"서연이가 저녁 먹을 때 숟가락, 젓가락을 놓아줘서 감사합니다. 우리 가족이 다 함께 집 정리를 해서 감사합니다."

서연이는 어리둥절한 목소리로 "엄마, 누구한테 하는 말이야?" 하고 물었다.

"오늘의 행복을 기억하고 싶어서 서연이랑 엄마 스스로에게 하는 말이야."

서연이는 고개만 끄덕일 뿐 별다른 말이 없었다.

"서연이는 오늘 뭐가 감사했어?"

묻는 말에 잠시 고민하는 듯하더니 자신도 엄마가 장난감 정리를 같이해서 감사하다며 나의 말을 되풀이했다. 그리고 작은 고백 후 전보다 편안한 마음으로 잠을 청했다.

행복을 떠올리기를 바라는 마음으로 시작한 감사가 삶을 바꾸고 시대를 바꾼다고 한다. 2021년 2월에 방송되었던 KBS 다큐 ON 〈감사가 뇌를 바꾼다〉에서 캘리포니아주립대학교 의과대학

행동과학과 교수 로버트 마우어Robert Maurer는 감사 호르몬인 옥시토신이 뇌세포 성장을 방해하는 코르티솔을 억제하고 도파민과 세로토닌의 생성을 활성화시킨다고 했다. 도파민은 사람을 행복하게 하는 즐거움센터로 의욕을 샘솟게 하는 신경 전달 물질이기 때문에 두뇌 활동이 증가하며 더 빠르고 정확하게 학습할 수 있게 해준다. 이 호르몬은 매우 강력해서 힘든 상황에서도 열정적인 상태를 유지할 수 있게 한다. 감사를 말하는 과정을 통해 부정적인 감정은 자연스레 밀어내고 긍정적인 자극을 머릿속에 떠올린다. 긍정적인 자극은 점차 강화되며 뇌를 긍정적으로 변화시킨다. 이는 결국 삶을 바꾸고 시대를 바꾸는 강력한 힘으로 연결된다.

감사, 잠들기 전 루틴이 되다

해마다 5월이면 학생들과 함께 감사의 마음을 담아 카네이션을 만든다. 꼼꼼한 학생이든 개구쟁이, 장난꾸러기 학생이든 이때만큼은 항상 진지하다. 각자 자신의 부모에게 가장 좋은 것을 드리고 싶은 마음에 있는 정성, 없는 정성을 모두 다 끌어모은다. 삐뚤빼뚤 적어 내려가는 편지글도 평소와는 다르다. 글씨 모양이 예쁘지 않은 학생들도 못 쓰는 글씨 중에서도 가장 잘 쓰려는 마음으로 한 글자, 한 글자 진심을 담아 적는다. 그 모습을 볼 때마다 부모가 생각하는 것보다 아이들은 부모를 더 사랑하고 있음을 깨닫는다. 나 역시 그렇다. '내리사랑은 있어도 치사랑은 없다'는 말과는 다르게, 서연이를 키우며 내리사랑보다 아이가 나에게 주는 치사랑의 마음이 더 크다는 것을 느낀다. 온갖 곳에 마음을 나누고 있는 나와는 다르게 아이의 시선은 오롯이 부모에게로 향하기 때문이다. '엄마만 내 곁에 있어준다면 난 더 이상 바랄 것이 없어요'라고 속삭이는 듯한 아이의 맑은 눈망울에, 나를 인생의 전부인 것처럼 사랑해주는 아이의 큰 사랑에 감동하고 감사한다. 당연한 듯 스쳐 지나가는 감사를 떠올리고 표현하며 마음에 깊이를 더한다.

"사랑한다. 사랑한다."

말로 하는 감사 일기는 그 이후로 우리의 잠들기 전 루틴이 되었다. 어두운 방에서 가장 편한 자세로 누워 한껏 감성을 가득 담은 목소리로 감사를 말한다. 감사는 서로에게만으로 한정하지 않았다. 시간과 장소를 공유했던 모든 사람을 떠올렸고, 더운 밤공기를 시원하게 해주는 선풍기, 맛있게 먹었던 음식, 바이러스를 무찔러줄 감기약과도 같은 아주 사소한 것까지 이 세상의 모든 것에게 감사를 전했다.

"서연이가 오늘 혼자서 심부름을 잘했습니다. 감사합니다."

평소에는 가만히 듣고만 있었던 서연이가 말을 덧붙인다.

"내가 고르는 데 시간이 걸려서 한참 기다렸을 텐데, 엄마가 오래 기다려줘서 감사해."

뜻밖의 대답에 깜짝 놀랐다. 아이가 전해주는 감사에 마음이 말랑해진다.

하원길에 서연이는 엄마를 보자마자 자신의 속상한 감정을 쏟아냈다. 나름의 사회생활 속에서 겪었던 서운한 마음을 든든한 내 편이라 생각하는 엄마에게 가장 솔직하게 내비친다. 서운한 감정을 시원하게 털어놓은 후에는 아이의 마음을 감사로 포근히 감싸줄 차례다.

"어떤 친구가 고마웠을까?"

"서연이는 친구들에게 어떤 도움을 주었니?"

아이의 기억이 생생할 때 나누었던 이야기를 기억했다가 잠들기 전 어둠속에서 함께 그날의 감사를 떠올렸다.

"속상할 때 도와주었던 선생님, 감사합니다."

"화장실 갈 때 먼저 가라고 양보해주었던 친구야, 고마워!"

"유치원에서 놀잇감 정리를 도와준 우리 서연이 고맙습니다."

매일 잠들기 전, 아이와 함께 감사를 나눠보자. 처음에 아이가 말하기 어려워한다면 낮에 나누었던 대화를 기억했다가 부모가 대신 표현해도 좋다. 감사에도 연습이 필요하다.

참고자료

- 계보경, 〈코로나 19에 따른 초·중등학교 원격교육 경험 및 인식 분석: 기초 통계 결과를 중심으로〉, 한국교육학술정보원, 2020년.
- 교육부, 〈2022년 1차 학교폭력 실태조사 결과 발표〉, 2022년.
- 권정생 글·정승각 그림, 《오소리네 집 꽃밭》, 길벗어린이, 2000년.
- 귄터 벨치히 지음, 엄양선·베버 남순 옮김, 《놀이터 생각》, 소나무, 2015년.
- 김영하, 《작별 인사》, 복복서가, 2022년.
- 김은설·최혜선, 〈한국인의 자녀 양육관 연구〉, 육아정책연구소, 2008년.
- 김은영, 〈2세 사교육 실태에 기초한 정책 시사점〉, 육아정책포럼, 2017년.
- 김은영, 〈영유아의 하루 일과에 비추어 본 아동 권리의 현주소 및 개선 방안〉, 육아정책연구소, 2017년.
- 노보람·최나야, 〈취학 직전 유아의 종이와 태블릿 스크린 쓰기 발달 비교〉, 인지발달중재학회, 2020년.
- 다키 야스유키 지음, 박선영 옮김, 《뇌 과학자 아빠의 기막힌 넛지 육아》, 레드스톤, 2018년.
- 데이브 램지·레이첼 크루즈 지음, 이주만 옮김, 《내 아이에게 무엇을 물려줄 것인가》, 흐름출판, 2015년.
- 데이비드 엘킨드 지음, 정미나 옮김, 《기다리는 부모가 큰 아이를 만든다》, 한스미디어, 2008년.
- 류정희 외 9인, 〈2018년도 아동 종합 실태조사〉, 한국보건사회연구원, 2019년.
- 리사 손 지음, 《메타인지 학습법》, 21세기북스, 2019년.

- 리처드 루브 지음, 이종인 옮김, 《자연에서 멀어진 아이들》, 즐거운상상, 2017년.
- 리처드 탈러·캐스 선스타인 지음, 안진환 옮김, 《넛지》, 리더스북, 2018년.
- 마셜 골드스미스·알란 더쇼비치·윌리엄 폴 영 외 지음, 허병민 엮음, 박준형 옮김, 《최고의 석학들은 어떻게 자녀를 교육할까》, 북클라우드, 2017년.
- 마이클렌 다우클레프 지음, 이정민 옮김, 《아, 육아란 원래 이런 거구나!》, 시프, 2022년.
- 문무경 외 2인, 〈한국인의 부모됨 인식과 자녀 양육관 연구〉, 육아정책연구소, 2016년.
- 문요한, 《관계를 읽는 시간》, 더퀘스트, 2018년.
- 박경희, 〈숲 체험활동이 유아의 자아개념 발달에 미치는 영향〉, 동국대학교, 2005년.
- 박인숙, 〈감정 카드를 활용한 정서 조절 능력 향상 프로그램이 초등학생의 또래 관계에 미치는 효과〉, 국민대학교 교육대학원, 2019년.
- 백희나 글그림, 《구름빵》, 한솔수북, 2019년.
- 백희나 글그림, 《달 샤베트》, 책읽는곰, 2014년.
- 백희나 글그림, 《알사탕》, 책읽는곰, 2017년.
- 백희나 글그림, 《장수탕 선녀님》, 책읽는곰, 2012년.
- 버니의 세계책방 전집 시리즈, 조너선 앨런 글그림, 김은령 옮김, 《따라 하지 마!》, 그레이트북스, 2019년.
- 버니의 세계책방 전집 시리즈, 케이티 더필드 글, 마이크 볼트 그림, 장미란

옮김, 《목소리 큰 룰라》, 그레이트북스, 2017년.

- 사이다 글그림, 《고구마구마》, 반달(킨더랜드), 2017년.
- 신의진 지음, 《현명한 부모는 아이를 느리게 키운다》, 걷는나무, 2010년.
- 앤서니 브라운 지음, 장은수 옮김, 《고릴라》, 비룡소, 1998년.
- 양애경·조호제, 〈자기 주도적 학습과 학업 성취도 간의 관계〉, 한국교육포럼, 2009년.
- 여성가족부, 〈2021 청소년 통계〉, 통계청, 2021년.
- 오주현·박용완, 〈영유아의 스마트 미디어 사용 실태 및 부모 인식 분석〉, 육아정책연구소, 2019년.
- 요시타케 신스케 글그림, 유문조 옮김, 《벗지 말 걸 그랬어》, 위즈덤하우스, 2016년.
- 요한 하위징아 지음, 이종인 옮김, 《호모 루덴스》, 연암서가, 2018년.
- 윌리엄 도일·파시 살베리 지음, 김정은 옮김, 《아이들을 놀게 하라》, 호모루덴스, 2021년.
- 유설화 글그림, 《슈퍼 거북》, 책읽는곰, 2018년.
- 유타루 지음, 김윤주 그림, 《젓가락 달인》, 바람의아이들, 2014년.
- 윤여림 글, 안녕달 그림, 《우리는 언제나 다시 만나》, 위즈덤하우스, 2017년.
- 이경희·김근주, 〈시간 빈곤에 관한 연구〉, 한국노동연구원, 2018년.
- 이기주, 《언어의 온도》, 말글터, 2016년.
- 이성규, '언어 발달의 핵심, 대화', 사이언스타임즈, 2018년 9월 17일.
- 이승미·김희진, 〈부모-자녀 놀이에 대한 자녀의 인식과 행복과의 관계〉, 한

국보육지원학회지, 2018년.
- 이와이 도시오 지음, 김숙 옮김《100층짜리 집》, 북뱅크, 2009년.
- 이정희, 〈숲에서의 자연친화적 탐구활동이 유아의 창의성에 미치는 영향〉, 경남대학교 교육대학원, 2013년.
- 이지은 글그림, 《팥빙수의 전설》, 웅진주니어, 2019년.
- 임희진 외 2인, 〈청소년의 건강 및 생활 습관에 관한 조사〉, 한국청소년정책연구원, 2019년.
- 장명숙, 《햇빛은 찬란하고 인생은 귀하니까요》, 김영사, 2021년.
- 잰 브렛 지음, 김라현 옮김, 《털장갑》, 문학동네, 2003년.
- 정재승, 《열두 발자국》, 어크로스, 2018년.
- 존 버닝햄 지음, 이주령 옮김, 《알도》, 시공주니어, 2001년.
- 최숙희 글그림, 《엄마가 화났다》, 책읽는곰, 2011년.
- 캐롤 드웩 지음, 김준수 옮김, 《마인드셋》, 스몰빅라이프, 2023년.
- 통계청, 〈2020 인구주택 총조사〉, 2021년.
- 팻 허친스 글그림, 김세실 옮김, 《로지의 산책》, 봄볕, 2020년.
- 피터 바잘게트 지음, 박여진 옮김, 《공감 선언》, 예문아카이브, 2019년.
- 피터 브라운 글그림, 서애경 옮김, 《선생님은 몬스터》, 사계절, 2015년.
- 하시연 외 2인, 〈숲, 사람을 키우다〉, 국립산림과학원, 2013년.
- 한국소비자원 위해정보국 위해예방팀, 〈2021년 어린이 안전사고 동향 분석〉, 한국소비자원, 2022년.
- 황농문, 《몰입》, 알에이치코리아, 2007년.

몰입 육아

1판 1쇄 인쇄 2023년 9월 13일
1판 1쇄 발행 2023년 9월 25일

지은이 신지윤

발행인 양원석 편집장 김건희 책임편집 이수민
디자인 정세화, 김미선 영업마케팅 윤우성, 박소정, 이현주, 정다은, 박윤하

펴낸 곳 ㈜알에이치코리아
주소 서울시 금천구 가산디지털2로 53, 20층(가산동, 한라시그마밸리)
편집문의 02-6443-8904   도서문의 02-6443-8800
홈페이지 http://rhk.co.kr
등록 2004년 1월 15일 제2-3726호

ISBN 978-89-255-7597-1 (03590)